嫦娥书系

主编 欧阳自远

嫦娥奔月

中国的探月方略及其实施

邹永廖 著

上海科技教育出版社

嫦娥书系

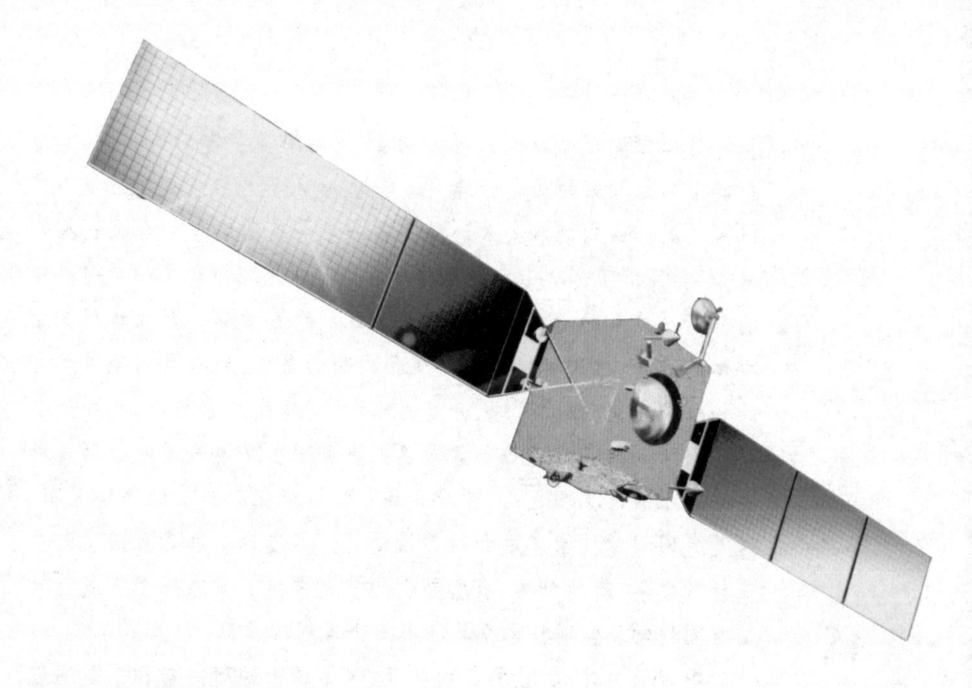

主编的话

21世纪是人类全面探测太阳系的新时代。当代的太阳系探测以探测月球与火星为主线，兼顾其他行星、矮行星、卫星、小行星、彗星和太阳的探测；研究内容涉及太阳系的起源与演化，各行星形成和演化的共性与特性，地月系统的诞生过程与相互作用，生命的起源与生存环境，太阳活动与空间天气预报，防御小天体撞击地球及由此诱发的气候、生态的环境灾变，评估月球与火星的开发前景，探寻人类移民地外天体的条件等重大问题。

月球是地球唯一的天然卫星，是离地球最近的天体。自古以来，她寄托着人类的美好愿望和浪漫遐想，见证着人类发展的艰难步伐，引出了许多神话传说与科学假说。月球也一直是人类密切关注和经常观测的天体，月球运动和月相的变化不仅对人类的生产活动发挥了重大作用，还对人类科学技术的发展和文明进步产生了广泛而深刻的影响。

月球探测是人类走出地球摇篮,迈向浩瀚宇宙的第一步,也是人类探测太阳系的历史开端。迄今为止,人类已经发射110多个月球探测器,成功的和失败的约各占一半。美国实现了6次载人登月,人类获得了382千克的月球样品。月球探测推动了一系列科学的创新与技术的突破,引领了高新技术的进步和一大批新型工业群体的建立,推进了经济的发展和文明的昌盛,为人类创造了无穷的福祉。当前,探索月球,开发月球资源,建立月球基地,已成为世界航天活动的必然趋势和竞争热点。我国在发展人造地球卫星和实施载人航天工程之后,适时开展了以月球探测为主的深空探测。这是我国科学技术发展和航天活动的必然选择,也是我国航天事业持续发展,有所作为、有所创新的重大举措。月球探测将成为我国空间科学和空间技术发展的第三个里程碑。

中国的月球探测,首先经历了35年的跟踪研究与积累。通过系统调研苏、美两国月球探测的进展,综合分析深空探测的技术进步与月球和行星科学的研究成果,适时总结与展望深空探测的走向与发展趋势。在此基础上,又经历了长达10年的科学目标与工程实现的综合论证,提出我国月球探测的发展战略与远景规划,系统论证首次绕月探测的科学目标、工程目标和工程立项实施方案。2004年初,中央批准月球探测一期工程——绕月探测工程立项实施。继而,月球探测二、三期工程列入《国家中长期科学和技术发展规划纲要(2006~2020年)》的重大专项开展论证和组织实施。中国的月球探测计划已正式命名为“嫦娥工程”,它经历了2004年的启动年、2005年的攻坚年和2006年的决战年,攻克了各项关键技术,建立了运载、卫星、测控、发射场和地面应用五大系统,进入了集成、联调、试运行和正样交付出厂,整个工程按照高标准、高质量和高效率的要求,为2007年决胜年的首发成功,打下了坚实的基础。

中国的“嫦娥一号”月球探测卫星,为实现中华民族的千年夙愿，即将飞出地球，奔赴广寒，对月球进行全球性、整体性与系统性的科学探测。为了使广大公众比较系统地了解当今空间探测的进展态势和月球探测的历程，人类对月球世界的认识和月球的开发利用前景，中国“嫦娥工程”的背景、目标、实施过程和重大意义，上海科技教育出版社在三年前提出了编辑出版《嫦娥书系》的创意和方案，与编委会共同精心策划了《逐鹿太空》、《蟾宫览胜》、《神箭凌霄》、《翱翔九天》、《嫦娥奔月》和《超越广寒》六本科普著作，构成一套结构完整的“嫦娥书系”。该书系的主要特点是：

(1) 我们邀请的作者大多是“嫦娥工程”相关领域的骨干专家，他们科学基础坚实，工程经验丰富，亲身体验真切，文字表述清晰。他们在繁忙紧张的工程任务中，怀着强烈的责任感，挤出时间，严肃认真，精益求精，一丝不苟，广征博引，撰写书稿。我真诚地感激作者们的辛勤劳动。

(2) “嫦娥书系”是由六本既各自独立又互有内在联系的科普著作构成的有机整体。其中《逐鹿太空——航天技术的崛起与今日态势》，系统讲述人类航天的艰难征途与发展，航天先驱们可歌可泣的感人故事；《蟾宫览胜——人类认识的月球世界》，系统描述人类认识月球的艰辛历程，由表及里揭示月球的真实面目，追索月球的诞生过程；《神箭凌霄——长征系列火箭的发展历程》，系统追忆中国长征系列火箭的成长过程并展示未来的美好前景，是一首中国“神箭”的赞歌；《翱翔九天——从人造卫星到月球探测器》，系统叙述中国各种功能航天器和月球探测器的发展沿革，展望未来月球探测、载人登月与月球基地建设的科学蓝图；《嫦娥奔月——中国的探月方略及其实施》，系统分析当代国际“重返月球”的形势，论述中国月球探测的意义、背景、方略、目标、特色和进程，是当代中国“嫦娥奔月”的真实史诗；《超越广寒——月球开发的迷人前景》，是一支开发利用月球的科学畅想曲，展现了人类和平利用空间的雄心壮志与迷人前景。

(3)“嫦娥书系”力求内容充实、论述系统、图文并茂、通俗易懂,融知识性、可读性、趣味性与观赏性于一体。

(4)“嫦娥书系”无论在事件的描述上还是在人物的刻画上,都力求真实而丰满地再现当代“嫦娥”科技工作者为发展我国航天事业而奋斗、拼搏、奉献的精神和事迹,书中还援引了他们用智慧和汗水凝练的研究成果、学术观点和图片资料。特别值得一提的是,书系在写作过程中还得到了他们的指导、帮助、支持与关心。虽然“嫦娥书系”作为科普读物,难以专辟章节一一列举他们的名字,书写他们的贡献,我还是要在此代表编辑委员会和全体作者对他们表示衷心的感谢和深深的敬意。

在这里我要特别感谢上海科技教育出版社精心的文字编辑和装帧设计,使“嫦娥书系”以内容丰富、版面新颖、图文并茂的面貌呈献给读者。我们相信,通过这一书系,读者将会对人类的航天活动与中国的“嫦娥工程”有更加完整而清晰的认识。

欧阳自远

二○○七年十月八日于北京

目 录

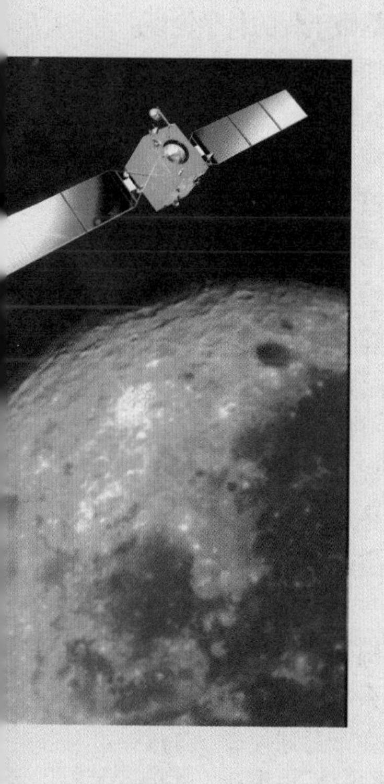

第九章　嫦娥系列:强国富民之举

嫦娥书系● 嫦娥奔月 中国的探月方略及其实施

第一章　探月史:镜子与尺子

从1959年至1976年的17年间，前苏联和美国先后一共发射了一百多次与探测月球相关的飞行器,开展了对月球的全面探测与研究,不但大大加深了人类对月球的科学认识,而且带动了其综合国力的快速发展和科学技术的突飞猛进,更为进军深空探测打下了坚实的科学基础、技术基础和人才基础。

今天,当我们翻阅20世纪50年代末至70年代中的探月历程,不难发现:探月征途上从无到有、从易到难、从失败到成功的每一个足迹、每一次进步,无不闪烁着人类智慧的光芒、显示着人类奉献的精神、荡漾着人类不懈的斗志,其间所发生的众多可歌可泣的事件,更是成了鞭策后来者奋发向上的动力和源泉。

闪耀智慧的历史

18世纪的德国著名哲学家康德(Immanuel Kant)曾经说过:“世界上有两件东西能够深深震撼人们的心灵,一件是我们心中崇高的道德准则,另一件是我们头顶上的星空。”的确,人类自诞生以来,便一直用迷惘的双眼审视那变幻莫测、广袤无垠的星空(图1-1)。无

图1-1　人类早期观星图

论是在骄阳当空的白昼，还是在月光如镜的夜晚，人们在充满着美妙神话和斑斓遐想的同时，更是憧憬着一个共同的愿望：飞出地球、驰骋宇疆、漫游星际、寻觅新天地。

自古以来，月球就以其晶莹洁白的光华、变幻万千的身姿成为文人墨客久唱不衰的绝好题材(图 1-2)：从《诗经》的“月出皎兮，佼人僚兮”到贝多芬(Ludwig van Beethoven)的《月光奏鸣曲》，从回肠荡气的咏月佳句到游子们的思乡愁绪、情侣们的海誓山盟，无不叫人如痴如醉；从哀愁动人的嫦娥到端庄秀美的阿尔忒弥斯、娟雅聪慧的狄安娜、美轮美奂的艾西斯，勾画出一个个动人的神话与传说；从许许多多有关月球神秘的色彩和现象，到宗教和世俗的统治者们利用手中的权势和百姓的迷惘以达其愚弄人们、奴役人们的目的，演绎出一桩桩愚昧、荒唐、无知的惨剧。

然而，在科学的范畴里，月球的表面实际上是一片荒芜的、凹凸不平的世界，是一个已经“死亡”了几十亿年的天体。

图 1-2　中秋佳节明月当空

月球的各种自然现象及其变化，鞭策着人们去追寻、去拷问、去探索，无论是人文的、社会的、历史的、科学的还是神话的，这些与月球相关的内涵，或想象或冥思，都对人类哲学思想的形成、科学的进步和农业的发展起到了一定程度的推动作用：从中国历法的独创、地球潮汐现象与月亮

图 1-3 传说中的玉兔捣药

的关系中悟出的早期宇宙结构理论；从“嫦娥奔月”、“后羿射日”、“吴刚伐桂”、“玉兔捣药”(图 1-3)、“中秋月饼”、“把酒问月”、“长生殿”等与月球相关的神话、传说、典故、诗歌、戏曲等所蕴含的历史人文思想脉络；从 17 世纪望远镜的出现使人们能对月球作出较为细致的观察和研究,到 20 世纪 50 年代末开始的真正意义上的近距离探测月球乃至登上月球、取样返回地球并开展系统的科学研究,无不承载着月球在人类文明发展史上的厚重。

月球,作为地球唯一的天然卫星和迄今为止人类登上的唯一地外天体,既是人们最早关注、最为熟悉的天体,也是目前人类探测与研究程度最高的地外天体，而它也必将成为人类走向深空的中转站、新型材料与生物制品的研制场所、科学研究的天然实验室、天文观测的新平台和开发利用太空资源的新基地。

望远镜的发明以及宇宙旅行的运载工具——火箭的问世,拉开了现代空间探测的序幕。20 世纪 50 年代末人类第一颗人造卫星的发射标志着现代空间探测的真正实施，此后 50 多年来空间探测以惊人的势头发展,其中最具挑战性且成果最大的当属月球探测活动。

翻开人类探月史,不难发现,我们的前辈们用他们的智慧和生命谱写了一曲曲动人而辉煌的篇章,为现代空间时代特别是月球探测的阔步前进注入了启迪的火花：

1959年 1 月 2 日,“月球 1 号”(图 1–4)冒着凛冽的严寒从苏联的国土上升空、挣脱地球的引力并直奔月球，标志着人类真正迈出了探月征程的第一步；同一年的 9 月 14 日,“月球 2 号”与月球表面的“瞬间一吻”预示了人类与月球“零距离”接触行动的开始；而同年 10 月,“月球 3 号”又结束了在此之前月球背面不可知的时代。

1966年 2 月初，苏联的“月球 9 号”(图 1–5)攻克了探月工程的另一堡垒——在月面上的软着陆技术,成功地在月面上软着陆；就在同一年的 3 月,“月球 10 号”再次成功地绕月飞行 56 天,近月点 35 千米,远月点 1015 千米。绕月飞行技术和在月面上软着陆技术，这两道技术难关的突破，使人类在探月路上又迈出了

图 1–4 苏联的“月球 1 号”探测器是人类的第一个月球信使

图 1–5 第一个在月面上成功软着陆的探测器“月球 9 号”

成功的一步,宣示了人类亲临月球的愿望即将实现。

1968年,人类历史上返回式宇宙飞船——苏联的“探测 5 号”首次飞行成功,再次闪烁着人类智慧的光华,为后来的载人登月、取样、返回地球打下了坚实的基础。

值得一提的是,在实现载人登月之前的月球探测早期阶段,尽管苏联明显处于领先地位,但实际上有的只是领先几天、有的只是几个月而已。由于当时苏、美两国处于敌对现状,彼此技术是相互保密的。因此,严格地说,苏、美两国探月步伐基本上是同步的、技术难关的攻克也是同步的。

为了实现人类载人登月计划,美国一个雄心勃勃的“阿波罗号”探月计划出台了。这一巨大工程先后动员 120 所大学、2 万家企业、400 万人参加,耗资巨大、历时 10 年,终于在 1969 年 7 月“阿波罗 11 号”飞船首次在月球表面登陆,实现了人类登月的千年梦想。正如首位踏上月球的宇航员阿姆斯特朗(Neil A. Armstrong)所说的那

图 1–6 人类在月面上留下的第一个脚印

样:“对一个人来说,这是一小步,但对人类来说,却是跨了一大步。”(图 1–6)

凝结泪水的往事

解读人类探月卷,在理解人类科技精英们的创造欲望、创造行为、创造过程、创造方法与创造思维的艺术般结合所显现出的智慧精髓、进取精神与辉煌业绩的同时,那些失败的惨痛,或者说昂贵的代价,更让今天的人们读懂敬业的精神与理解奉献的无私,更让人们看到了毅力与智慧、创造与勇气高度融合的精华,更让人们理解“科学之路艰难而曲折、有付出才有收益”的辩证真理。

在谈论人类月球探测史时,人们通常都说,人类第一个月球探测器是 1959 年 1 月 2 日苏联发射的“月球 1 号”。事实上,在“月球 1 号” 发射前, 无论是苏联还是美国都发射过月球探测器:1958 年 8 月 17 日、10 月 11 日、11 月 8 日、12 月 6 日, 美国先后发射了 4 个“先驱者号”系列月球探测器,但是都失败了;同年 9 月 23 日、10 月 12 日、12 月 4 日,苏联也先后发射了“月球 1958A 号”、“月球 1958B 号”和“月球 1958C 号”3 个月球探测器,结果也都失败了。

美国为了在探月征途上追赶苏联并实现月球探测的首次成功,可谓决心巨大、不惜代价。在4次“先驱者号”系列月球探测器失败后,从1959年年底到1960年年底的1年多里进行的3次“能力号”系列月球探测活动又全部失败。但是,这仍然动摇不了美国进军月球的决心,不久其“徘徊者号”计划即付诸实施:

1961年,“徘徊者1号”和“徘徊者2号”先后失败;

1962年,“徘徊者3号”、“徘徊者4号”和“徘徊者5号”全部失败;

1964年1月30日,“徘徊者6号”发射了,但还是以失败而告终。

到1964年7月28日发射“徘徊者7号”,美国实际上经历13次失败后才取得了其探月的首次成功。

不难理解,“徘徊者7号”之所以能成功,能为人类留下其拍摄的4136幅珍贵的月球照片,以及随后“徘徊者8号”和“徘徊者9号”的再次成功,从而顺利完成“徘徊者号”系列计划的使命,都是在吸取前面多次失败的教训后取得的,探月征程也由此向前推进了一大步。

为了使月球探测器能平稳降落月表,即实现月面软着陆,苏联从1965年5月至1966年2月3日“月球9号”软着陆成功,其间曾4次发射了“月球号”系列探测器,即“月球5号”、“月球6号”、“月球7号”和“月球8号”,试图在月球表面着陆,却都没有成功。

“阿波罗11号”载人登月的成功,当时可以说是人类月球探测史上的神话。但是,在成功的背后又有多少次失败呢?

1967年1月27日,“阿波罗1号”飞船(图1–7)在进行地面试验时,因座舱着火,3位宇航员以身殉职(图1–8)。

1968年4月4日,“阿波罗6号”因火箭的第三级在运行轨道中未能按时点火而失败。

即使是在“阿波罗11号”和“阿波罗12号”成功实现了载人登月探测并取样返回地球之后,1971年发射的“阿波罗13号”也仍因

图 1–7 “阿波罗 1 号”载人飞船

系统出故障而未能圆满完成任务。

历史是真实的，也是公平的：有付出才有收获。正是在一次次探月、登月失败的付出中，人类才在探月、登月方面取得了一个个耀眼的成果，人类的空间技术才取得了前所未有的辉煌。

从 1959 年至 1976 年的 17 年间，人类在月球探测史上闪烁着众多的亮点、攻克了许许多多的技术堡垒——

1959 年 1 月，“月球 1 号”首次实现月球探测器飞越月球；

1959 年 9 月，“月球 2 号”

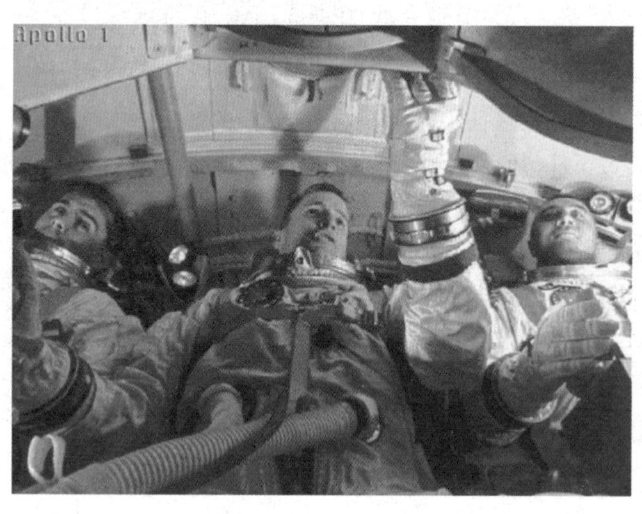

图 1–8 “阿波罗 1 号”载人飞船的 3 位宇航员因座舱着火以身殉职

图 1-9 “阿波罗 11 号”载人登月舱

首次实现月球探测器击中月球,即硬着陆;

1966年2月,“月球9号”首次成功地实现了月球探测器在月面上软着陆;

1966年4月,“月球10号” 首次实现月球探测器环绕月球的飞行;

1968年10月,“阿波罗7号”首次进行载人飞行试验,验证飞船性能以及在地球轨道上宇航员的活动能力;

1968年12月,“阿波罗8号”首次进行载人环月飞行;

1969年7月,“阿波罗11号”首次实现载人登月的千年梦想(图1-9),成功地采集月球样品并返回地球;

1970年9月,“月球16号” 首次实现无人自动取样并返回地球的探月活动;

1970年11月,“月球17号”首次实现月球车无人驾驶的月面巡视探测活动;

1971年7月,“阿波罗15号” 首次实现有人驾驶的月球车在月面上的巡视探测活动。

在技术上取得空前成就的同时，科学上的成就同样让世人瞩目。从 1959 年至 1976 年，人类通过对月球的系列探测，获得了极其丰富的科学数据和 382 千克的月球样品，人类对月球的形状和大小、月球的轨道参数、近月空间环境、月表结构与特征、月球的岩石类型与化学组成、月球的资源与能源、月球的内部结构与演化史等的研究取得了一系列突破性进展，对月球的起源和地月系统的相互作用与影响获得了新的认识，补充并在很大程度上完善了空间科学理论体系，其主要成果可列举如下：

(1) 测定了月球的形状、大小和运行轨道。

(2) 证实了月球现在没有全球性磁场。

(3) 探明了月球大气层近于真空状态，月球表面昼夜温差很大。

(4) 初步划分了包括月海盆地、月陆和撞击坑的月球表面主要地形单元。

(5) 对覆盖月球表面的风化层即月壤的厚度、形成机制、辐射历史、物质来源、成分特征及资源性元素(例如氦 3)的分布与富集程度等进行了较为系统的研究，取得了可喜的进展。

(6) 证实了现在的月球是一个古老的、“僵死”的天体，其“地质时钟” 停滞在 31 亿年之前，至今仍保留了其早期形成时的历史状况。

(7) 发现了月球内部存在大的质量密集区即“质量瘤”，并分析了其与月球总体形态上轻微的不对称现象之间的关系。

(8) 证实了月球上没有生命，也没有有机体化石或有机体固有的有机化合物。

(9) 证实了月球表面没有液态水，月球的地质演化历史中没有或只有极微量的水参与。

(10) 初步确定了月球也有类似于类地行星的“壳、幔、核”内部圈层结构(图 1-10)。

(11) 获取了大量月球岩石类型、矿物组成、化学成分的第一手

图 1–10　类地行星内部圈层结构示意图

材料,大大加深了对月球总体化学成分与化学演化的认识。

(12) 划分并论证了月球演化历史的各重大事件及其发生的时间、机制和对月球整体演化的影响。

(13) 初步形成了月球起源的理论——捕获说、共振潮汐分裂说、双星说和大碰撞分裂说。

催人奋进的镜子

1959 年到 1976 年的 17 年是国际月球探测的第一次高潮期。

美国和苏联先后百余次发射与月球探测相关的探测器,包括美国发射的"先驱者号"、"徘徊者号"、"月球轨道器号"、"勘测者号"和"阿波罗号"等系列月球探测器,以及苏联发射的"月球号"、"探测器号"等系列月球探测器。从这些探测的过程中,我们不难发现,整个探月历程在探测方式上是随着航天技术的突破与发展而逐步递进的;在探测的科学任务上,则是随着对月球认识的不断深化而演变的:首先,是从月球近旁飞越,从距月球几千千米到几百千米,对月球表面进行摄像,同时利用仪器测量月球的重力场、磁场和周围辐射环境;其次,发射探测器直接撞击月球表面以测试月表的硬度和承受能力,并在坠落过程中对月球进行近距离摄像;进而探测器在月球表面软着陆(图 1-11),探测表面物质的物理力学特性,并测量月震、月壤化学组成等;与此同时,发射环月飞行的人造月球卫星,在几百千米的高度上,在较长的时间里,对大部分月面进行摄像和环境探测。

通过飞越、撞击、软着陆和环月飞行四个步骤的探测,在基本了解月球及其周围环境的物理、化学特性后,美国开始实施载人月球探测计划:先发射了 4 艘载人月球飞船环绕月球飞行并对月球照

图 1-11 探测器向月球表面软着陆示意图:着陆前的减速过程

图 1–12 “月球 17 号”携带的“月球车 1 号”是人类首次在月面使用的无人驾驶月球车

相,实验返回技术;然后共发射了 7 艘载人登月飞船,除 1 艘因故障未能实现登月目标外,其余 6 艘飞船均顺利完成预定任务,共有 12 名宇航员登上月球,带回了 381.7 千克月球土壤和岩石。

苏联则在实现无人自动软着陆后,成功发射了 2 个携带月球车的着陆探测器(图 1–12),实现了探测器在月面的自动巡视探测;实现了 3 次月面自动取样与返回,即探测器在月面软着陆后由钻岩机自动钻取着陆点月壤,收集到探测器的返回舱内,随后自动运回地球。这种方式获得的月球土壤量较少,3 次共取样约 300 克。但所有软着陆、取样、从月球上重新起飞、重返地球等步骤,全部为无人操作而完成。

历史,不只是一面镜子,更是一把尺子。苏联和美国通过第一次月球探测高潮,不但带动了自己综合国力快速发展和科学技术突飞猛进,更为进军深空探测打下了坚实的技术和科学基础,而在这些探测过程中所发生的众多可歌可泣的事迹,更是成了鞭策后来者奋发向上的动力。

一部读不完的教材

随着 1976 年“月球 24 号”探测器自动取样返回地球的圆满实施,国际月球探测活动进入了一个相对宁静的时期。究其原因,主要有:

第一次月球探测高潮,是由前苏联和美国两个超级大国为争夺空间霸权而掀起的竞争,是冷战的产物。随着冷战形势缓和,此后前苏联解体,争夺空间霸权的局面随之缓解。

需要在战略、技术与集成、探测效益等各方面,总结第一次月球探测高潮期间的经验,并总结探测活动耗资大、效率低、探测水平不高的教训。

在第一次月球探测高潮期间,人类获得了难以计数的数据与资料,发动了世界各国的有关实验室对月球样品开展系统而深入的研究。面对如此浩瀚的资料,各国科学家都需要相当长的时间来整理、研究和消化(图 1-13),更需要将月球研究提高到理性认识的阶段,并通过不断的交流、商讨和思考,提出下一步月球探测的新目标和新内容。

为适应后“阿波罗”计划和后“月球”计划,使月球探测走向新的突破,需要在探测的技术、手段、方法上重新研制与改进,如小卫星的研制,更高精度、更有效的科学载荷的选择与研制,测量与控制、数据传输与接收处理等一体化操作技术的研制等。这些,都需要相当的一段时间才能完成。

实现月球探测技术的民用需求转移。随着通信、电视等全球化的逐步扩大与发展,利用探月技术开发各种军用、民用与专用卫星,如地球资源卫星、气象卫星、海洋卫星、环境卫星、灾害卫星、通信卫星等。又如空间站的对接技术,实际上就是充分利用第一次探月高潮期间发展起来的对接技术,“嫁接”、改进与完善而建成的。

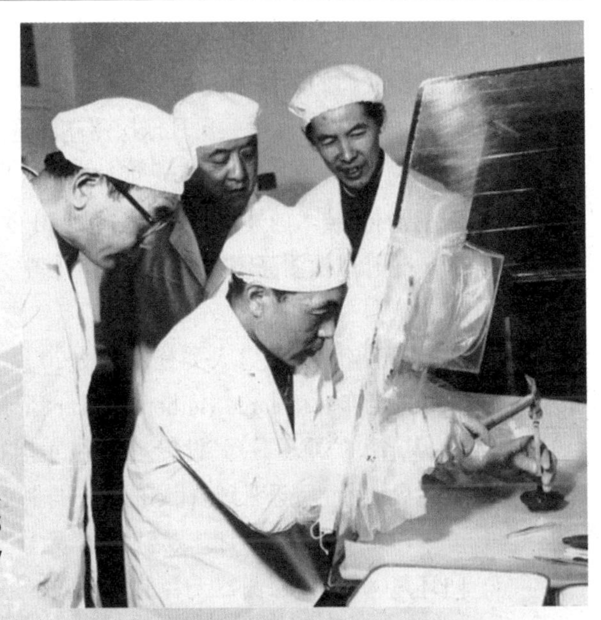

图 1-13 我国科学家正在处理美国于 1978 年 5 月送给中国的"阿波罗 17 号"月球样品

对深空探测需要在战略上层次更高和更具实效性的思考与制定。虽然月球探测是人类深空探测的首选目标,但它不是最终目的。走向太空、开发与利用太空资源,乃至实现太空移民才是人类的真正目标。随着第一次月球探测高潮在空间探测技术上的重大突破,大大鼓舞与扩大了人类深空探测的雄心,各空间大国把探测的目光聚焦到太阳系其他行星、卫星、小行星、彗星上。为实现这些目标,需要利用、改进已有的月球探测技术,需要开发与研制大推力运载火箭,以及分析与研制相应的测控技术等。

如果说,探测月球、遨游宇疆并不是最终的目的,开发利用月球资源(图 1-14)并由此而走向深空、开发利用整个太空才是人们真正的目标和行动指南,那么,人类经过近 18 年的反思后,对于月球探测的眼光必将会更加遥远、目标也必将更加宏大。

如果说,探测月球、开发利用月球资源只是人类进军太空征程的第一步,而月球也只是宇宙苍穹中飞扬的"一粒尘埃"、一个人类探究茫茫太空的"窗口",那么,透过这个"窗口"、越过这粒"尘埃",展现给我们的必将是一个浩瀚的世界、一个施展人类智慧的天地。

如果说,国际第一次月球探测高潮是美国和苏联空间探测争霸的产物,那么,在经过了十几年对早期月球探测活动的反思以及资料的消化、技术的发展与积累后,从20世纪80年代末开始酝酿的新一轮月球探测高潮则真正体现了科学、技术和应用目标上的需求:

1989年,在纪念人类登月活动20周年的庆祝会上,时任美国总统的老布什(George Herbert Walker Bush)首次提出一个"又快、又好、又省"的"重返月球"设想。此后,美国、欧洲空间局、日本等随即开始启动了"重返月球"计划的研究与制定工作。

1990年,日本向月球发射了"飞天号"探测器,用于探测地月空间环境,并从该探测器上释放了"羽衣号"月球轨道器进行环月观

图 1-14 月面上铁元素含量分布图

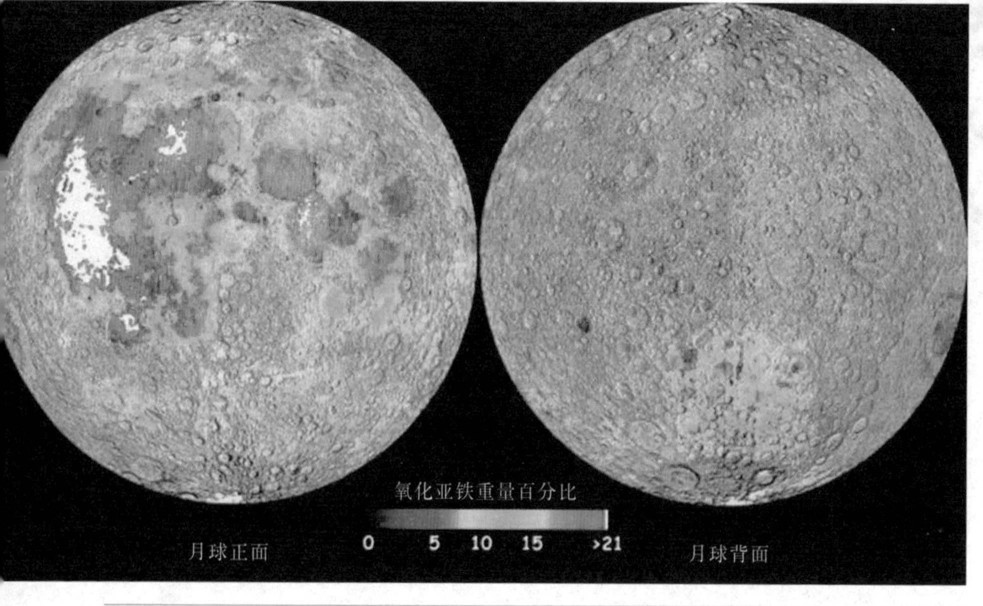

图 1–15　“克莱门汀号”环月探测器

测。尽管“羽衣号”月球轨道器并未取得实质性的成果,但仍昭示了日本已发展成为一个空间大国的事实。

1994年,美国向月球发射了“克莱门汀号”环月探测器(图 1–15),对月球进行高精度的摄影测量,返回了大量数据,获得了月球的数字地图和地形图,部分地区的图像分辨率比以往同类的月球照片高出 100 倍以上。“克莱门汀号”还用紫外和近红外摄像仪第一次对月球表面进行了 11 个波段的扫描摄影，获得了许多极有价值的专业地图,包括月球表面一些元素、矿物等的含量的定性或半定量的分布图。特别是科学家通过分析“克莱门汀号”传回的科学数据,意外地发现月球南极阴影区极可能存在有水冰。这一发现当时立即在国际上引起了极大的反响,从某种意义上,也可以说是公众的强烈反响掀起了一股新的探月热潮。

如果说,1994 年发射的“克莱门汀号”环月探测器是实施重返月球的一个标志点,那么,1998 年美国发射的“月球勘探者号”环月探测器(图 1–16)便是真正吹响了“又快、又好、又省”地重返月球的号角。“月球勘探者号”不但证实了“克莱门汀号”发现的在月球南极永久阴影区有水冰的存在,同时发现月球北极永久阴影区也存在着水冰。此外,“月球勘探者号”环月探测器还获取了月球表面钛、铁、铀、钍和钾等元素的含量和分布情况等;特别是,“月球勘探者号”的探测数据无论在精度上还是在广度上都是早期环月探测器所无法比拟的,而整个工程却仅投资0.63亿美元。

图1–16 “月球勘探者号”环月探测器飞行路线图

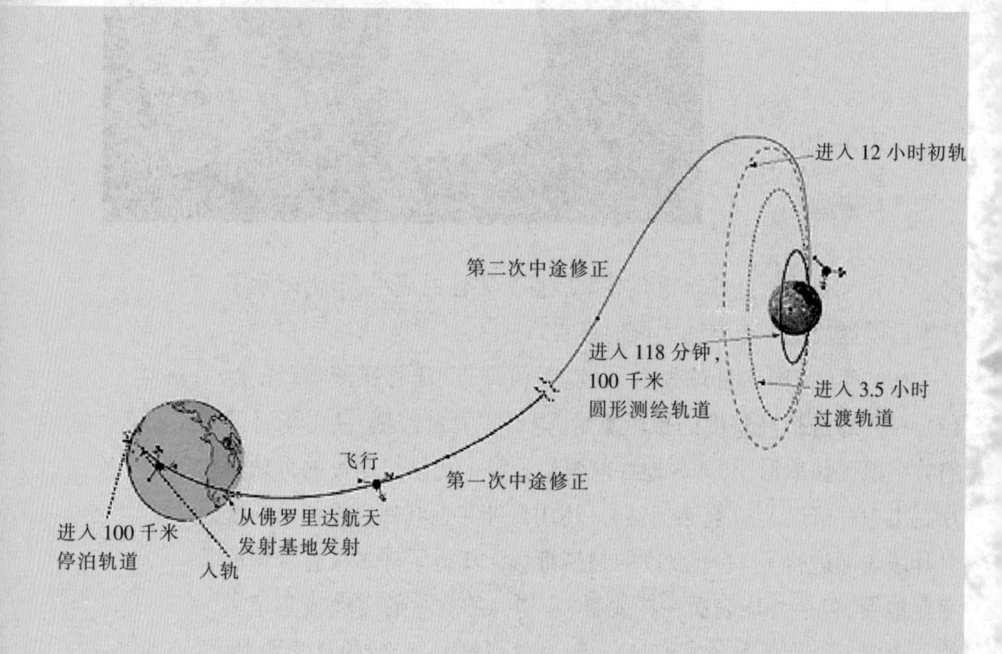

第二章　21 世纪深空探测主旋律

深空探测是航天活动的重要组成部分，是人类进入空间时代以后开拓知识与认识宇宙的最前沿，是人类创新知识与完善认识的重要源泉，更是人类拓展空间活动与利用空间的必然选择。

21世纪，从认识宇宙的本质、测绘宇宙的结构、监测宇宙的变化、进而开发利用宇宙的资源这一目的出发，各空间大国已经打响了以月球、火星探测为主旋律的深空探测的新一轮竞争。

那么，21 世纪的国际月球探测将会是怎样的呢？

国际探月的领跑者

根据 1989 年制定的“重返月球”设想以及 1994 年发射的“克莱门汀号”环月探测结果，尤其是水冰的意外发现，1995 年，美国推出了面向 21 世纪的全新而完整的探月规划。该规划以全新的发展思路，确认、开发、验证空间探测活动所需的新技术，采用高频度发射技术，用大量小型低成本的小卫星组成月球卫星星座并联成一个整体；采用整星计算机一体化设计等新途径，实现卫星分系统模块化，电子部件集成化，有效载荷微型化，卫星自主运行，使卫星的功率、重量和降低成本跃上一个新的台阶。

美国提出的月球探测长远计划的内容主要包括：用机器人对月球进行探测；重新载人登上月球，在月球上建立适于居住的前哨站，安装科学仪器、月球取氧装置等；建成第一个具有生命保障系统的受控生态环境的月球基地，在月球基地进行月面建筑、运输、采矿、材料加工和各项科学研究。

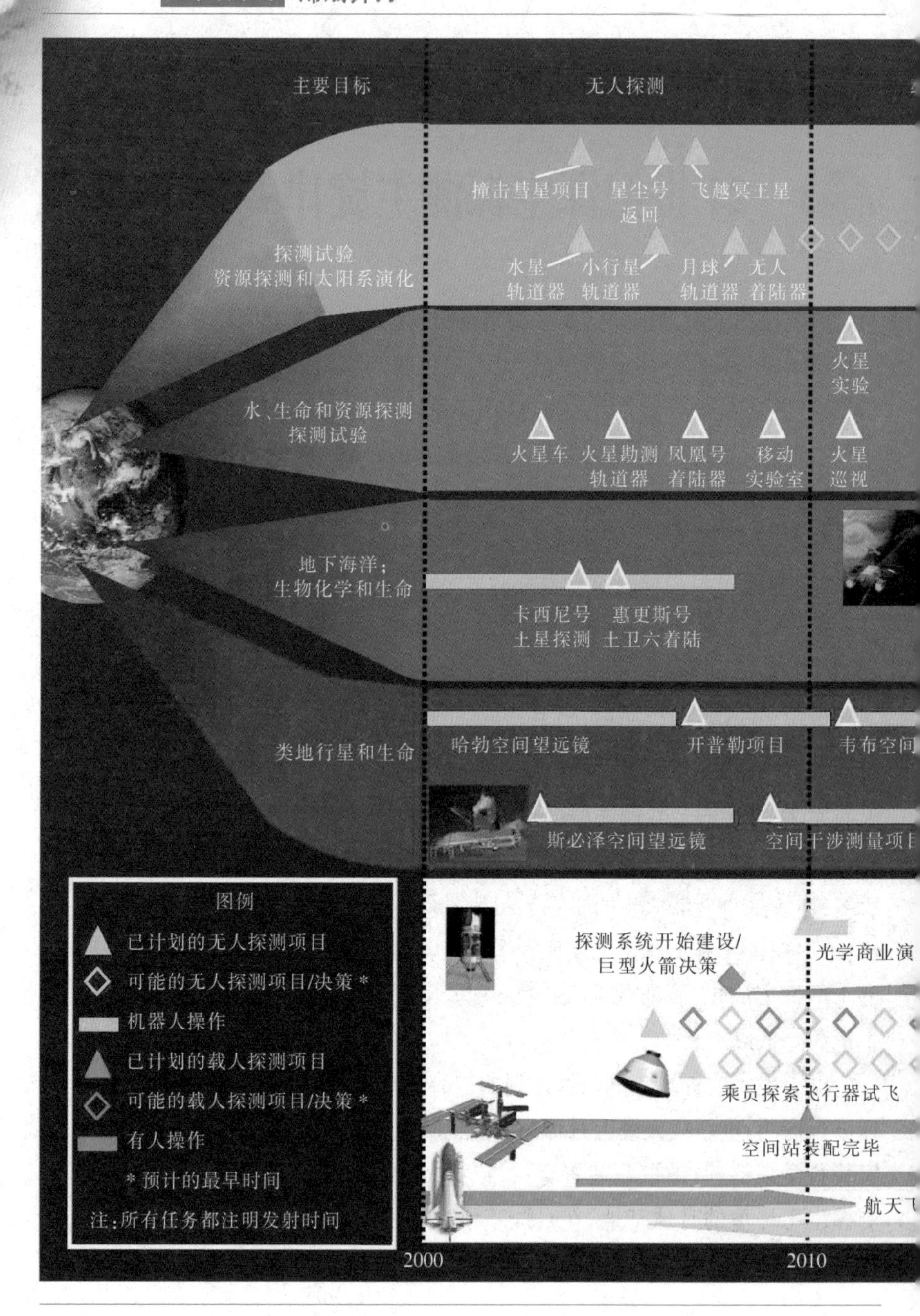
主要目标
无人探测
撞击彗星项目
星尘号
返回
飞越冥王星
探测试验
资源探测和太阳系演化
水星
轨道器
小行星
轨道器
月球
轨道器
无人
着陆器
火星
实验
水、生命和资源探测
探测试验
火星车
火星勘测
轨道器
凤凰号
着陆器
移动
实验室
火星
巡视
地下海洋；
生物化学和生命
卡西尼号
土星探测
惠更斯号
土卫六着陆
类地行星和生命
哈勃空间望远镜
开普勒项目
斯必泽空间望远镜
空间干涉测量项目
图例
已计划的无人探测项目
可能的无人探测项目/决策＊
机器人操作
已计划的载人探测项目
可能的载人探测项目/决策＊
有人操作
＊预计的最早时间
注：所有任务都注明发射时间
探测系统开始建设/
巨型火箭决策
乘员探索飞行器试飞
空间站装配完毕
2000
2010

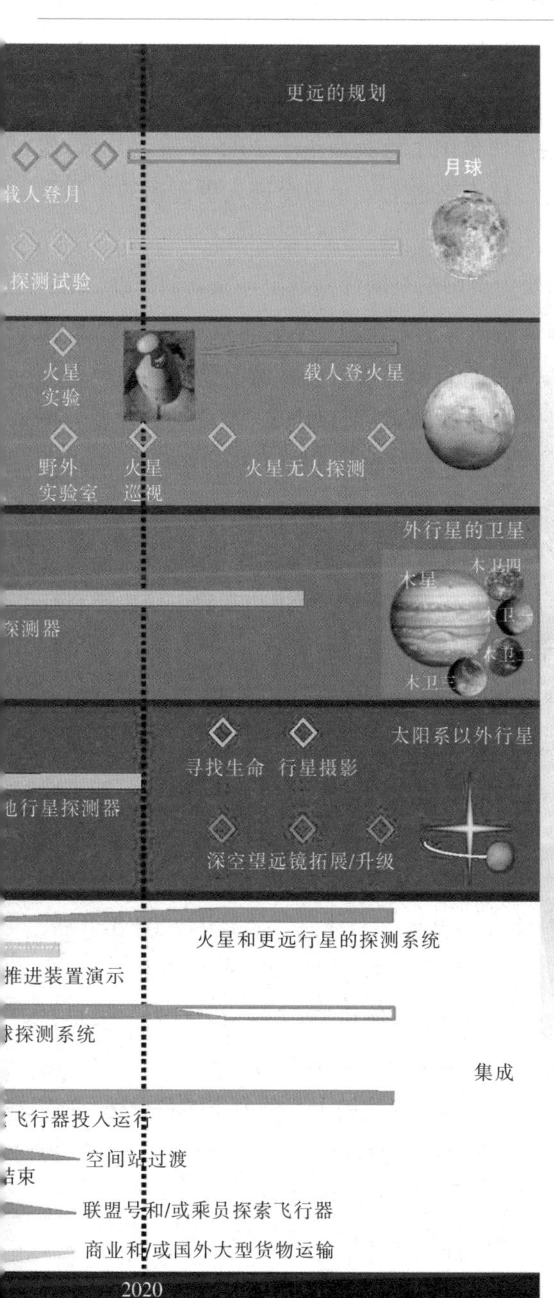

图 2-1 美国新太空发展计划

2004年1月14日,美国总统布什(George Walker Bush)在位于华盛顿的美国国家宇航局总部发表演讲,宣布了美国新的太空战略计划:制造新一代飞船,使美国宇航员最早于2015年重返月球、建立基地,并以此为跳板,把人类送上火星乃至进入更遥远的太阳系空间。

布什宣布:"我们要为美国的空间计划制定一条新的路线。我们将为美国国家宇航局未来的探测工作制定新的重点和远景规划。我们将建造能把人带入宇宙的新型飞船,在月球上建立新的'落脚点',并为进入地球以外的世界的新旅程做准备。""今天我宣布一项旨在探索太空和将人类的足迹扩展到整个太阳系的新计划(图2-1)。我们将利用现有的计划和人员迅速展开这项工作。"

布什明确提出了三大目标:第一个目标是在2010年以前完成国际空间站的建设……2010年,航天飞机将退出现役。第二个目标是在2008年以前研制和测试一种新型航天器——"乘员探索飞行器"(Crew Exploration Vehicle,简称CEV),并在2014年前实施第一次载人飞行任务。航天飞机退役后,"乘员探索飞行器"将具备向国际空间站运送宇航员和科学家的能力。但"乘员探索飞行器"的主要目的是将宇航员送入地球轨道以外的世界。这将是继"阿波罗号"指令舱之后首个同类型的航天器。第三个目标是在2020年以前重返月球,并将月球作为一个发射基地。布什说:"最迟从2008年开始,我们将向月球表面发射一系列无人探测器,进行先期研究,以便为未来的载人探测与研究做好准备。使用'乘员探索飞行器',最早在2015年可以进行更广泛的月球探测,目标是在月球上工作和生活更长时间。今天来到现场的、最后一位踏上月球的宇航员尤金·塞南(Eugene Andrew Cernan)在离开月球的时候说:'我们来过这里,现在我们要离开这里,如果条件允许,我们将带着和平和全人类的希望重返月球。'美国将把这些话变成现实。"

布什强调:"重返月球是我们的太空计划中最重要的一步。在月

图 2-2 太阳及其各大行星都是人类太空探测的目标

球上建立永久基地可以大大地降低未来太空探索的成本,实现更具挑战性的太空探索任务。发射大型航天器时克服地球引力代价高昂,而在月球上可以利用很少的能源摆脱较小的月球引力。而且月球土壤含有丰富的资源,经过提炼和加工可制成火箭燃料和可呼吸的空气。我们在月球上研发和试验新的方法、技术和系统,使人类可在其他更具挑战性的环境下活动。重返月球是为获取更大进步和成就所必须走的一步。""我们准备凭借所获得的有关月球的经验和知识,实施新的一系列太空探索计划:载人火星探测及更远星球(图 2-2)的探测任务。无人探测器、着陆器和其他飞行器将作为这些太空探索的先驱, 继续发挥它们的价值, 向地球发回大量图像和数据。""这次重返月球,我们将会取得一系列技术突破。尽管我们现在还不知道将会有哪些技术突破, 但我们可以肯定它们必将能实现,而且我们的努力也将会获得更丰厚的回报。宇宙探索的诱惑力将激励年轻一代学习数学、自然科学和工程学,创造出新一代发明家和开拓者。"

布什对如何实现这一新的太空计划进行了详细安排:“要完成这一目标需要长期的奉献。美国国家宇航局目前的5年预算为860亿美元。对这项新的计划,我们所需要的大部分资金将来自预算内重新划拨的110亿美元。当然,我们还需要一些新的资金。我将提请国会在未来5年内将美国国家宇航局的预算增加大约10亿美元。这次经费增加,以及美国国家宇航局工作重点的重新调整,是迎接上述挑战和目标的开始。它仅仅是一个开始。未来的投资决策将以我们为实现目标所取得的进展为导向。”该预算简图见图2-3。

布什展望:“我们将建造新的飞船将宇航员送往太空,我们将在月球上留下新的足迹,我们将准备超越我们自己世界的新旅程,我

图 2-3 美国未来深空探测计划经费预算简图

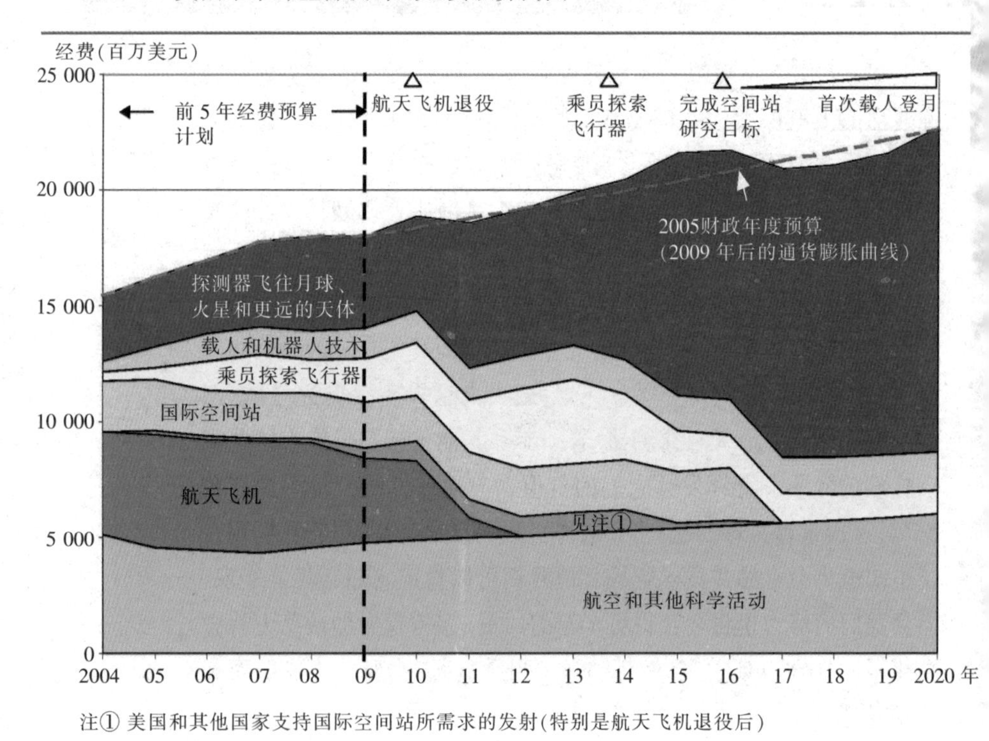

注① 美国和其他国家支持国际空间站所需求的发射(特别是航天飞机退役后)

们不知道这次旅行将在哪里结束，我们只是知道人类将向宇宙进发。”

这次讲话后，美国国家宇航局很快公布了美国新太空计划的一系列相关文件,从中我们不难解读到以下三点——

第一,美国新太空计划分四个阶段实施

第一阶段 2004年年底前重新发射航天飞机，并完成在国际空间站的任务。

第二阶段 2010年前停止使用原先的航天飞机,研制名为“乘员探索飞行器”的新一代飞船。2008年前首次试验这种新型飞船,2014年前首次发射。2008年前将无人驾驶的探测器送上月球。

第三阶段 2015年至2020年之间美国宇航员重返月球,并在那里建立月球基地。

第四阶段 2030年后将宇航员送上火星。

从以上四个发展阶段可以看出：

美国国家宇航局的科学探测内容、工作重点和经费分配都是一次划时代的变化和战略重组；

美国航天飞机将于2010年结束任务使命,2012年终结经费投资；

国际空间站将于2010年建成,2017年终止使用；

美国新型载人飞行器将立即启动研究,2008年实现首飞,成为美国今后的多用途空间往返和软着陆飞行器；

美国重返月球的经费将大幅度增加,2008年开始发射月球探测器,2015年开始载人登月，月球探测项目成为2015年之后美国国家宇航局的最大支持项目。

第二,雄厚的经费支持,体现了美国实施新太空计划的决心

美国国家宇航局从2004年到2009年间,用于实施新太空计划的总预算是860亿美元(图2-4)。

2004年为154亿美元，其中2004年用于完成火星和更远行星

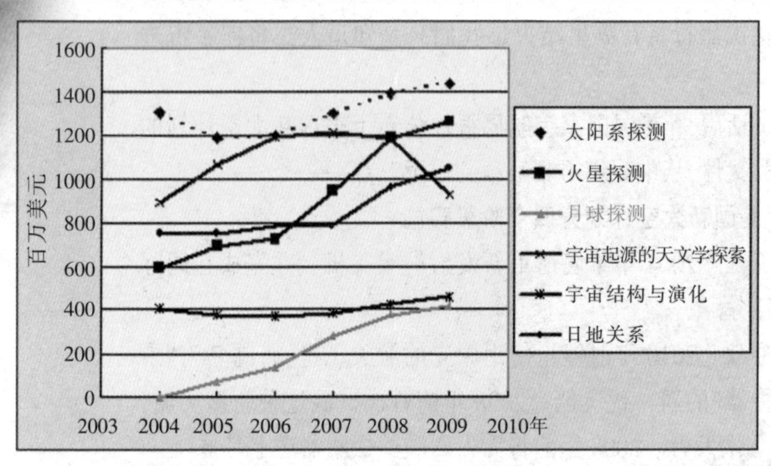

图 2-4 2004~2009 年美国国家宇航局空间探测和基础科学领域经费预算图示

探测任务的经费占 154 亿美元中的 18.1%,月球探测在当年度没有预算经费。

2009 年,预算经费将达到 178 亿美元,其中航天和其他科学活动的经费占 26.4%,用于月球、火星和更远行星探测任务的经费占 22.5%,两项经费占总预算的 48.9%,比重有所下降,主要是部分经费用于太空运输工具——新型"乘员探索飞行器"的研发。

2005 年到 2009 年的 5 年间, 用于月球探测的费用高达 128 亿美元。

2015 年,美国国家宇航局的预算将达到 213 亿美元,用于月球探测任务的经费约 60 亿~90 亿美元。

2020 年,美国国家宇航局的预算将达到 225 亿美元,用于月球探测任务的经费约 80 亿~110 亿美元。

从上述简单的数据可以看出,月球探测计划在美国整个太空计划中占了相当重要的地位。

第三,调整与新增的强有力的组织体系,为实施整个太空计划提供了重要保障

布什讲话的第二天，美国国家宇航局公布了机构调整方案，设立新的“探索系统办公室”(Office of Exploration Systems)，直接由新任命的美国国家宇航局助理局长斯泰德尔(Craig E. Steidle)领导。

此外，为保证新太空计划的实施，美国国家宇航局将设立以下4个新办公室：(1)首席工程师办公室；(2)保健与医疗系统办公室；(3)首席信息官办公室；(4)机构与社团管理办公室。

美国新太空计划出台后，很快在国际上引起了广泛的关注和极大的兴趣。

俄罗斯认为，他们可以从美国的计划中赢得一个有利可图的份额，并使自己走出目前的萎靡状态。俄罗斯宇航局副局长尼古拉·莫伊塞耶夫(Николай Моисеев)对塔斯社说，美国国家宇航局已经向该局送去了关于在月球和火星任务中如何合作的建议案，俄罗斯有很多技术可以与美国分享。例如，利用曾经制造了1970年漫游月面的苏联“月球车”技术，在2~3年的时间内，制造出上述漫游车的后继型号，并有能力研制出搭建房屋的登月机器人。

加利莫夫(Эрик Михайлович Галимов)院士在2003年12月底召开的俄罗斯科学院主席团会议上说：“解决全球能源问题的最富前景的途径可能是从月球开采并运回氦3，利用它进行热核聚变

图 2-5 中国科学院等离子体物理研究所的可控核聚变实验装置

以获取能源(图 2-5)。如果热核聚变技术成熟并已建成相应基础设施的话,目前这一方法将比使用可燃矿物或铀在经济上更为划算。”

俄罗斯《消息报》2004 年 1 月 19 日刊文指出,布什的登月计划不仅仅是太空计划,而且是一项雄心勃勃的新能源计划。新太空战略将使美国在 20 年后操控全球能源市场,进而使得因碳氢燃料耗尽而陷入能源危机的全球唯美国马首是瞻。

欧盟希望布什的航天计划能够面向国际开放。欧洲空间局局长让-雅克·多尔丹(Jean-Jacques Dordain)说:“构成新闻的不是月球和火星,而是布什已经确定了一项议程,并描述了空间站之后将干什么。这是一个好消息,因为这表明在世界范围内对太空的兴趣正在提高。”欧洲空间局已经确定与美国国家宇航局官员会晤,就如何在下一阶段的太空探索中合作进行磋商。

加拿大航天局长马克·加诺(Marc Garneau)也表示,加拿大已经着手与印度合作,共同探测月球。加诺表示,如果有充分的经费做后盾,以加拿大现有的技术,可以在今后 10 年内登陆月球甚至火星。

2004 年 1 月,印度空间研究组织(ISRO)主席奈尔(G. Madhavan Nair) 在南部城市班加罗尔表示,印度希望参与美国“新登月计划”的实施,并已为此做好准备。奈尔对记者说,印度空间研究组织认真研究了布什讲话,认为与美国在航天技术领域进行合作有利于印度空间技术的发展,也将大大推动印度自身的“登月计划”的实施。2004 年 6 月,印度空间研究组织官员在班加罗尔与美国国家宇航局官员就两国在航天领域的合作事宜进行了磋商。

中国也在美国新太空计划出台后的第一时间里,跟踪并分析了该计划出台的背景,认为布什太空探索新政策的背景主要体现在:

(1) 来自航天技术、现状和政策的因素

从历史和航天政策分析,对“哥伦比亚号”航天飞机事故的反思,是催生这一太空新计划的重要客观因素。“哥伦比亚号”事故调查委员会在长篇调查报告中曾直言不讳地批评,自 1961 年美国总统肯尼迪(John Fitzgerald Kennedy)提出“阿波罗计划”以来的30多年中，美国在载人航天领域一直未能再制定出清晰的国家战略目标。该委员会呼吁政府就美国未来航天发展方向展开一场全国性的大辩论。

“哥伦比亚号”事故后，由白宫牵头，包括美国国家宇航局在内的多个政府机构加快了对国家航天发展政策的审议进度。布什的新计划正是以此为基础，把重返月球作为美国未来几十年载人航天发展的重点，在美国何时完成国际空间站、现有航天飞机何时退役、开发下一代载人航天工具等多个争议很大的问题上，都提出了明确的思路和时间表。这有望给因“哥伦比亚号”事故而陷入危机的美国航天事业注入新活力。“哥伦比亚号”事故调查委员会负责人评论说，布什的新倡议“是朝正确方向迈出的一步”。

从技术层面来看，在1969年至1972年间，美国6次成功登月使用的航天器均只为一次着陆和短暂逗留而设计(图2-6)：指挥飞船只能装载3个人，月球登陆器则只能容纳2个人。要设计能够运送一组宇航员和大批物资设备的被称为“乘员探索飞行器”的新一代太空飞船。如果设计参照“阿波罗计划”，美国国家宇航局

图2-6 “阿波罗17号”载人登陆舱及其携带的月球车

还将制造一个能够在月球表面和月球轨道之间运输宇航员和物资的着陆飞行器。此外,在月球上建定居点,必须有一个提供动力的原子反应堆。“阿波罗计划”的6次成功登月任务中已经使用了这种小反应堆,但它们只能提供仅够留在月球表面的科学仪器工作的动力。

(2) 来自政治的因素

从政治因素分析,宣布新太空计划也是布什竞选连任的重要步骤。美国媒体认为,布什在民主党即将举行政党基层会议前宣布登月新倡议是经过精心考虑的,登月等宏大计划能收到凝聚人心的效果。布什提出的新太空计划,将是对美国空间活动的一次划时代的转变。如果能够把这一计划付诸实施,不仅可以激发美国人的爱国热情,增强美国人的凝聚力,向世界证明美国的强大,而且有助于竞选连任。

与此同时,宏伟的太空计划还可以为美国创造成千上万的就业机会。

(3) 来自月球探测价值的因素

月球探测、月球资源利用和月球科学研究的吸引力也是美国决定实施新航天计划的重要因素。布什政府的智囊列举了重返月球、建立月球基地的明显优势:

首先,月球的表面重力只有地球表面的1/6,从月球向太空发射航天器所需的能源和资金均要少于地球;其次,月球与地球的距离很近,与地球的通信将非常容易,月球可以作为地球通向更远星球的转运站;第三,月球上有丰富的能源和矿产资源,并可能有水冰,在月球上可以开发矿产和氦3,然后运回地球。此外,月球可以称为一个天然的空间站、实验室和天文台,人类可以在月球上进行新技术试验、新材料研制、生物制品生产、天文观测和科学研究。

(4) 来自能源的因素

美国探测月球的另外一个重要目的是能源。

众所周知,支撑当前地球人类生产生活的能源主要是石油、天然气和煤炭等化石矿物资源，但随着能源需求的日益增加，世界不可再生能源枯竭的一天早晚是要来临的。在这种背景下，科学家普遍看好的新能源是热核能，它是一种丰富的、非常清洁的能源，而其中最好的热核燃料是氦3同位素，这种同位素在地球上含量甚微，而在月壤中氦3资源极其丰富，初步估算可达100万~500万吨，足够整个地球用上1万年。

开发热核能耗资巨大，但是能源匮乏所造成的损失会更大。据统计，发展中国家能耗量年增长率达到10%。美国能耗量也逐年递增，目前的能耗量是100年前的100倍。按照这一增长趋势，200年后人类对能源的需求量将是目前的1000倍。目前美国占全球能耗总量35%左右，是中国、日本、俄罗斯、加拿大和德国的总和。一旦能源匮乏，美国将首当其冲受到影响。这样，从小就深受“能源至上”思想熏染的布什总统将攫取新能源的目光投向了月球和热核能。

据威斯康星大学的研究人员预测，月球上1吨氦3所产生的能量(图2-7)可能抵得上价值40亿美元的石油所产生的能量。“假设一艘宇宙飞船能够运30吨氦3回来，美国也就够用一年了。”目前，美国就有数家国家实验室和大学在从事热核项目研究。从这一点看，布什总统宣布美国要在月球上建立永久基地，那也是顺理成章的了。

(5) 来自军事技术的因素

布什之所以会推出这样的航天计划，恐怕还有一个不便明说的目

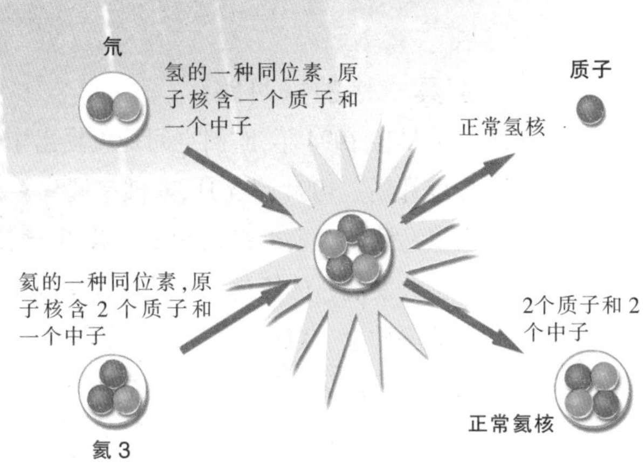

图2-7 氦3与氘发生聚变反应及其产物示意图

的,那就是想通过太空领域的捷足先登,使美国未来的军事更加能够立于不败之地。

路透社报道,美国总统布什扩大太空探索计划的目的是美国要控制太空,以获得军事、经济和战略的主导权。美国前国防部长拉姆斯菲尔德(Donald Henry Rumsfeld)长期以来一直推动研发可用于保护、攻击轨道卫星的技术,以及在太空部署可拦截来袭导弹的传感器。

军事领域肯定是美国太空探索的重要着眼点。首先,太空探索可以提升航天技术。为了保护美国本土免遭外来导弹的攻击,美国长久以来一直希望拥有保护己方卫星和攻击敌方卫星的技术。五角大楼希望在未来5年内建设一个多层次的导弹防御体系,以防止那些可能带有核弹头或者生化武器的导弹的攻击。这个防御体系除地面拦截设施以外,还需要在外层空间建立拦截设施,而通过空间探测发展起来的航天技术可以为这样的导弹防御提供技术支持。

其次,空间探测可以使美国更好地"认识"世界。世界上没有一个国家像美国那样依靠卫星,卫星就像是美国的眼睛和耳朵。美国对于空间技术极其关注,根据法国一个太空研究机构的统计,1999年美国在空间开发上投入的资金占当年世界空间开发资金总额的95%。

别具一格的探月路

早在1994年,欧洲空间局就提出了重返月球、建立月球基地的详细计划。1994年5月,欧洲空间局召开了一次月球国际讨论会,会议一致认为人类在机器人技术、电子技术和信息技术等方面取得了巨大发展,已使我们对月球进行低投资的探测和研究成为可能。在此基础上,欧洲空间局成立了月球研究指导小组,提出了今后应加强月球探测与研究的三个主要方面或领域——

第一,月球科学研究领域。主要包括:(1)发射月球极地卫星,获取和研究高分辨率的月面地貌、化学和地质图像；(2)设立月面站和机器人系统，测量月岩化学成分和矿物成分；(3)采集月球样品，用于地面研究；(4)设立月球前哨基地。

第二，以月球为基地的科学观测。在月球表面建立紫外、红外和亚毫米干涉仪，改善角分辨率和灵敏度，安装甚低频段天线，进行全方位的天文观测和监测地球的地质、构造及环境。

第三，建立生命科学研究基地。探索月球表面生存环境的形成，开展低重力、无磁场条件下人的生理变化等航天医学工程研究。

为实现这些目标，欧洲空间局初步提出并制定了分阶段的月球探测计划与设想。

(1) “欧洲月球2000”计划　这是由欧洲空间局发起的一个探月计划(图2-8)。欧洲空间局的长期空间政策委员会提出一个标志欧洲新世纪来临的适合的空间任务，该任务包括一个月球环绕卫星(MORO)和一个月球着陆探测器(LEDA)。开始两个月的环月阶段将提供安全着陆所必需的地形和地理知识。然后着陆器分离，并着陆于月球南极坑的边缘。在这里，它将利用永久太阳光照的优点，去寻找在永远黑暗的坑底可能存在的冻结挥发物（例如水冰），这个坑也就是爱肯盆地。

“欧洲月球2000”原计划将在21世纪初发射，后因各方面原

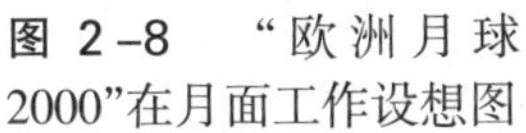

图2-8　“欧洲月球2000”在月面工作设想图

图 2-9 “智慧 1 号”月球探测器

因被推迟。

(2) “智慧 1 号”月球探测计划 “智慧 1 号”英文名为 SMART-1，是欧洲“2000 科学远景规划”中的第一项“小型预研技术任务”。它是欧洲空间局的第一个月球探测器(图 2-9)，其主要目的是试验利用太阳能电推进技术，同时也试验探测器和仪器的其他新技术，收集月球地质、地貌、矿物和近月空间环境等的科学数据。“智慧 1 号”已于 2003 年 9 月 27 日发射，并已取得计划中的成果。从 2005 年 8 月初开始，“智慧 1 号”进入科学探测寿命的延续期。2006 年 9 月 3 日，“智慧 1 号”按计划主动撞击月球，结束使命。

(3) “曙光计划” 继 2004 年 1 月 14 日美国宣布新太空计划之后，欧洲空间局于 2004 年 2 月提出了“曙光计划”(图 2-10)。尽管该计划是以火星探测为主线，但月球探测活动起着至关重要的作用。该计划中与月球探测相关的主要部署为：

2020年前，进行一系列不载人的月球探测，包括月球轨道探测、月面软着陆与月球车勘测。

2020年至2035年载人登月，建立月球基地。

2035年后，实现载人火星探测。

曙光计划与美国的新太空计划有异曲同工之处，即都是以月球探测作为技术演练，在建立月球基地、开发月球资源基础上，以月球基地为空间跳板平台，实施载人登火星。

雄心勃勃的探月计划

20世纪80年代以来，日本在空间探测器的发射和遥感器的研制方面都实现了质的飞跃，成为国际空间技术的后起之秀。事实上，1985年日本宇宙科学研究所仅花10个月的时间就建成了64米天线的深空通信站。1985年8月17日，日本用M3SII火箭成功地发射

图 2–10 欧洲空间局的“曙光计划”

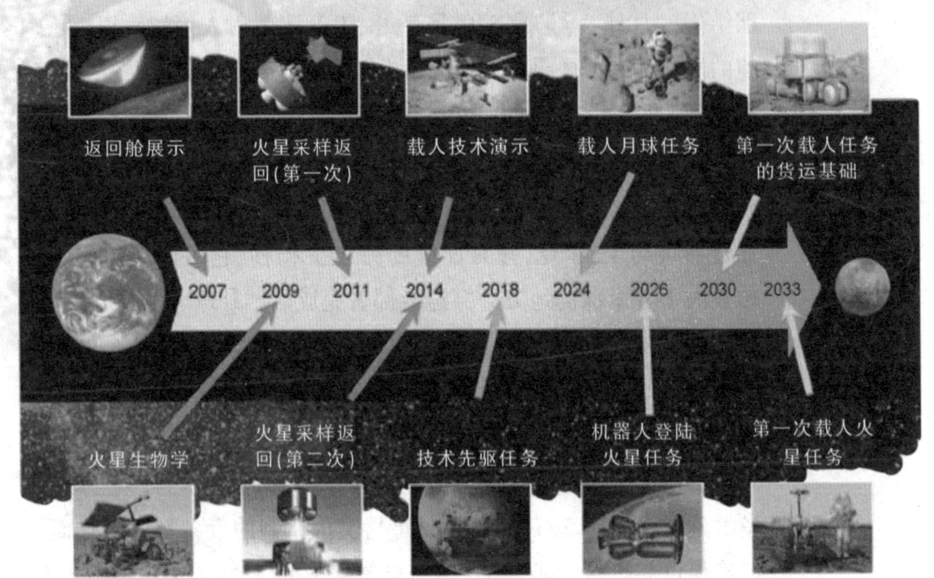

了哈雷彗星探测器,载荷重达770千克。进入20世纪90年代后,日本加快了空间领域的前进步伐,1990年1月发射了“飞天号”月球探测器(在轨重量195千克),利用月球的重力来调整探测器速度和校验飞行路线变轨技术。它发回了有关轨道、光学导航和星载容错计算机的数据,与慕尼黑技术大学的一项联合实验检测了宇宙尘。1992年2月“飞天号”释放了重12千克的月球轨道器“羽衣号”,它一直工作到1993年11月后坠毁在月球表面。这一切标志着日本已成为新兴的空间大国,并成为美、苏之后的第三个“月球国家”。

20世纪90年代后,日本的空间探测计划更是雄心勃勃,尤其在月球探测方面,已经形成了统一的认识,其近期主要的月球探测计划有:

(1)“月球A号”计划

“月球A号”是日本第一个真正的月球轨道飞行器。它由1个轨道器和2个穿透器组成(图2-11)。其主要目的是:进行月球成像;监测月震;测量月球表面的热性能与热流量;研究月核与月球的内部结构。“月球A号”重540千克,由M-V火箭射入停候轨道,重2.4吨的固体加速级发动机再点火,引入奔月轨道。此加速级发动机装有可延伸喷管,熄火后分离。

在多次从月旁飞越之后,“月球A号”先进入近月点40千米的椭圆轨道,一个多月后,从近月点附近向月球分别投放2个穿透器。穿透器重约13千克,撞月面速度约285米/秒,它可以穿透到距月球表面1~3米深的地方。穿透器部署完成后,“月球A号”机动上升到200千米高的圆形成像轨道,每隔15天“月球A号”从穿透器上空飞过一次,此时,存储在穿透器存储器中的数据信息将被传送给“月球A号”。

遗憾的是,“月球A号”计划因技术问题先是从原计划2000年发射延迟为拟于2004年发射;最后又因研制的设备都已老化而不能确保可靠运行,2007年日本宣布停止执行“月球A号”探测计划。

图 2-11 “月球A号”穿透器示意图

(2)“月神号”计划

该计划的英文名 SELENE 是 SELenological and ENgineering Explorer(月球工程探测器)的缩略词(图 2-12),是日本30年内建立月球基地工程的第一部分,主要任务包括为判断月球上是否曾经存在岩浆海洋寻找确切证据、分析月球的磁场状态、为月球上是否存在水寻找答案等。“月神号”重约2900千克,由轨道飞行器和两颗中继卫星组成,轨道飞行器包括任务舱和推进舱。“月神号”原计划于2004年发射,后多次推迟,最后于2007年9月14日在日本种子岛宇宙中心发射并顺利升空,踏上探月征途。

(3) 月球探测在日本宇航局中长期规划(2005~2025 年)中的地位

2005 年,在印度召开的国际月球研讨会上,日本宇航局官员宣布了该局今后 20 年的规划。其中,月球探测计划在其深空探测规划中处于首选地位。从所宣布的规划中不难看出,日本月球探测的中长期发展规划是以技术研发为先导,逐步实现月球探测领域的领导地位这一目标。主要包括——

① 在日本宇航局中长期的发展规划中,月球探测是其深空探测活动的第一、也是最重要的选择。日本宇航局中长期发展规划的总体目标是:“日本宇航局将开发出世界上可靠性最高和竞争力最强的火箭和人造卫星,为实现安全和丰富多彩的社会作贡献。日本宇航局还将努力取得在空间科学领域的世界领先地位,并为日本独立地开展载人活动和利用月球作准备。进一步还要进行马赫数为 5 的超超音速实验飞机的飞行验证。有了上述活动,日本宇航局就会

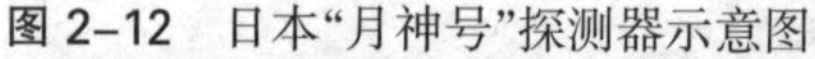
图 2–12 日本“月神号”探测器示意图

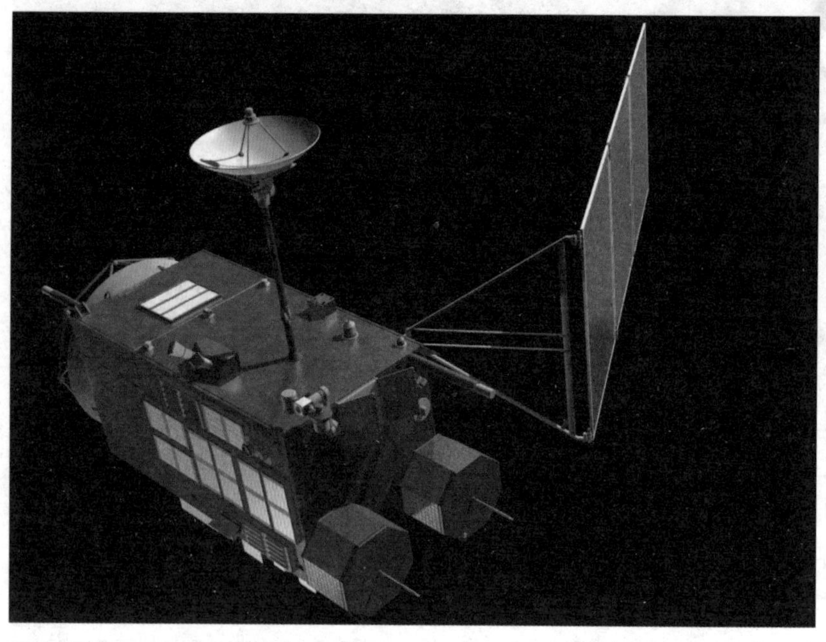

为将航空航天业建成日本的骨干企业作出贡献。”

② 在国际月球探测合作伙伴中充当领导者的角色。在日本宇航局抛出的中长期规划中,明确提出:月球探测将产生有关月球的更多科学知识;日本宇航局决定利用尖端技术开展月球探测活动,获得月球信息;大约20年以后,通过国际合作将在月球上建立可供更多人活动的基地,而日本宇航局将利用其先进技术,发挥领导作用并承担相应的责任。

③ 为实现以月球探测为主线的深空探测目标,日本宇航局制定了未来20年即从2005年至2025年的发展目标:前10年,通过国际竞争和国际合作,发展自主创新性的月球和深空探测高新技术——向最尖端科学不可缺少的尖端技术开发发起挑战,即开展带有先驱性质的飞行任务,培育为实现这些先驱性飞行任务的技术,以具体的技术验证结果为基础,在后10年内致力于实现空间应用活动,包括月球基地及其利用。

别样征程各自启航

苏联曾是无人月球探测的先锋,但随着载人月球探测的失败以及苏联解体后这种探测活动已搁置多年,加上经济等因素,俄罗斯官方一直没有正式的独立月球探测计划。

2004年,俄罗斯科学家提出了一个“全月球探测计划”。这一计划虽迄今未得到俄罗斯官方的正式确认,但的确引起了俄罗斯各方以及国际的极大关注。最近,俄罗斯空间局在一次国际合作中提出的一项长达30年的月球探测计划,实际上就沿用了“全月球探测计划”(图2-13)的很多内容。例如,10个重15千克的小型穿透器,它们分布在丰富海一个约80平方千米的区域中;2~3个重30千克的穿透器,它们登陆于月球的赤道附近,彼此之间相距约300千米;一个重约150千克的穿透器,它将登陆于月球的极地区域。

根据俄罗斯介绍,这项持续30年的探测计划已进入初步设计阶段。它将在月球表面不同地区同时部署 13 个探测器，其中将有 2 个穿透器射向“阿波罗 11 号”和“阿波罗 12 号”飞船的着陆地点，在 37 年前美国宇航员载人探测和仪器探测的基础上，获取亚表面数据。另有 10 个高度穿透器撒布在月球表面，构成一个月震网络，用于收集有关月球起源的证据。穿透器的母舱将向月球南极月坑释放一个软着陆器，搜寻水冰的证据，为美国将于 2008 年在同一地区实施的撞击探测器任务补充数据。

这项新的月球任务是俄罗斯将于 2012 年开始实施的航天规划的一部分。通过这项月球飞行任务，俄罗斯最终将与美国、一些欧洲国家、中国、印度和日本一起加入到新的月球探索中。不过，这项计

图 2–13 俄罗斯“全月球探测计划”的示意图。图中 PL–1 和 PL–2 代表穿透器 1 号和穿透器 2 号，HSP 代表月震网络的高速穿透器，PS 代表月球基地

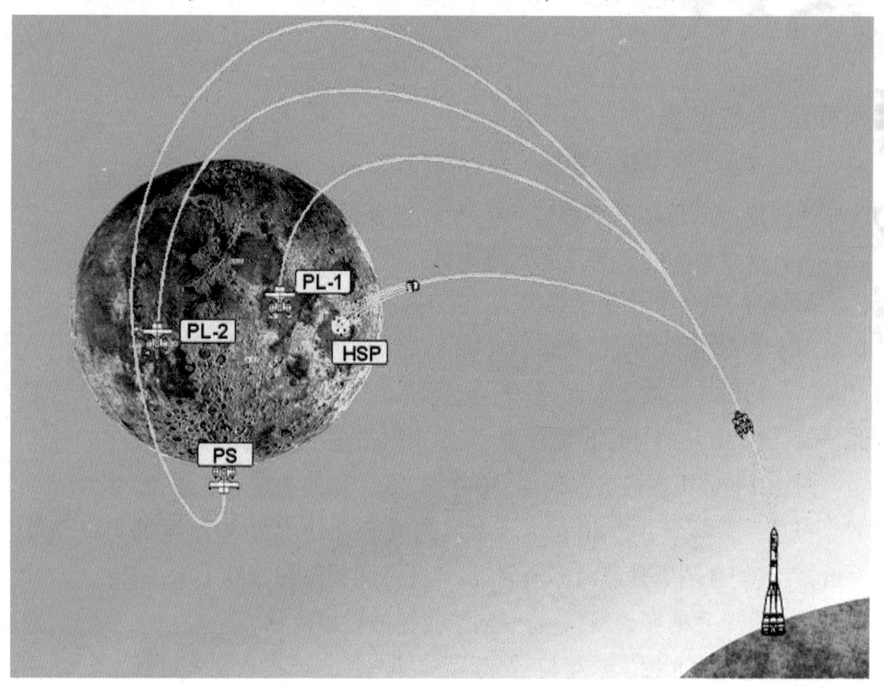

划还会受到预算和技术风险的制约。

这项月球任务将是2009年俄罗斯火卫一取样返回飞行之后，俄罗斯无人行星探测的更新组成部分。这两项任务的科学目标都与太阳系的形成有关:火卫一任务将有助于确认火卫一是一颗被俘获的小行星的理论；而月球任务则有助于确定有关月球起源的理论，还将为水冰理论补充数据。

月球任务将采用"联盟号"火箭发射,也可能用"联盟号"的闪电型加上额外的上面级。

月球任务采用轨道器-着陆器一体的构型。它将携带10个高速穿透器、2个较慢的穿透器和1个完全不同的极地站。

每个高速穿透器将携带一台简单的月震仪。大约发射4天后，母舱距月球还有29小时的路程时,带有10个高速穿透器的圆盒分离,独自飞完余下的路程。当达到约700千米的高度时,它将以20转/分的速度旋转稳定并释放第一组5个高速穿透器。

这些高速穿透器释放后，形状就像没有气动翼的空空导弹,以编队形式飞向月球表面。此后,这些穿透器将散布开来。紧接着,携带另外5个穿透器的盒子到达约350千米的高度时,释放第二组5个穿透器。此时,将有12个单独的俄罗斯月球飞行器在月球上空飞行。

头5个穿透器将在释放后250秒撞击月球表面,散布在直径为10~15千米的圆弧上,而另外5个穿透器则更紧凑一些,散布在前5个穿透器撞击范围内5千米的圆弧上。空的穿透器盒也将撞击月球表面。

高速穿透器的撞击速度到达2.4千米/秒，撞击力达100牛,潜入地下几英尺,把通信天线留在表面。穿透器内月震仪和电池在撞击时仍能工作。

撞击的目标是月球表面直径1440千米的丰富海，这一区域的表面可以有较大的穿入深度。

这样将形成一个小孔径月震阵列,能够探测由地球引力引起的月震特性。这一方案是由莫斯科地球物理研究所提出的。每个高速穿透器月震站着陆间隔 1.6~3.2 千米,构成一个集成数据网络。

高速穿透器释放后,母舱将继续飞向月球,然后释放另外 2 个穿透器,它们与其他穿透器有很大的不同,并且目标更加精确。这 2 个穿透器-着陆器将携带更先进的仪器,测量月球更深处的宽带月震数据。它们将配备两个固体制动火箭,大大放慢下降速度。

在距离月球表面约 2 千米时,穿透器-着陆器的制动发动机点火,将速度降为 0。此时,制动发动机分离,穿透器开始自由下降,在撞击时的最大速度为 60~200 米/秒。由于速度较慢,撞击力只有约 5 牛。它们也将潜入地下并把天线留在入口处。

近年来,印度已经成为迅速崛起的空间国家,在月球探测方面也已制定极具雄心的计划。

多年以来,是否要开展月球探测活动在印度内部争论很大。1999 年 10 月印度空间研究组织主席卡斯图里朗安(Krishnaswamy Kasturirangan)在印度科学院组织了一次专门的研讨会,讨论月球探测的科学目标和探测仪器需求。2000 年 2 月,印度太空航行学会组织专家讨论月球探测的可行性。随后,印度空间研究组织启动月球探测工程的预先研究。月球探测的预研报告很快得到印度内阁的认可,印度的月球计划正式启动。

印度的月球探测器命名为“月船 1 号”,英文名为“Chandrayaan-1”(图 2-14),其中 Chandra 源自印地语,原意为“月”,yaan 在印地语中意为“船”。由印度空间研究组织卫星中心设计制造,携带的有效载荷包括可见光相机、高光谱仪、激光高度计、低能 X 射线荧光谱仪、高能 X 射线谱仪。

印度月球探测计划的科学目标主要为月表高分辨制图和成分分析。“月船 1 号”将由 PSLV 火箭送入地球环绕轨道,然后依次进入奔月轨道,再进入一个高度约 1000 千米的近圆形月球轨道,随后

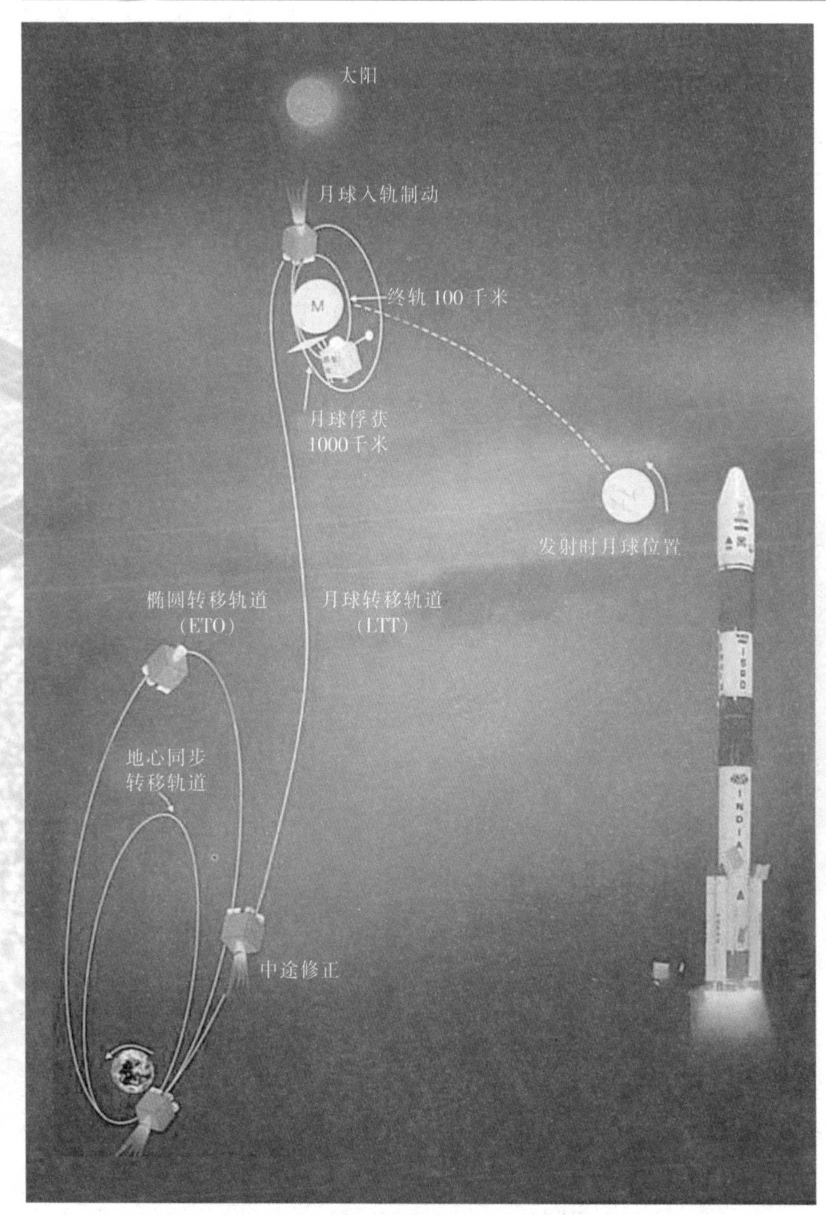

图 2-14 印度“月船 1 号”探测器飞行轨道示意图

打开太阳能电池板(单翼,发电功率750瓦),将轨道降低到200千米的调整轨道,最终进入100千米高的极轨圆轨道进行科学探测。

“月船1号”卫星总重1050千克,计划于2008年上半年发射,卫星设计寿命为2年。“月船1号”立项启动后,印度也推出了后续的探月计划,包括进行载人登月和带回月球土壤样本。

第三章 月球的诸多谜团

月球，作为地球唯一的天然卫星，既是人类最感兴趣也是目前探测与研究程度最高的地外天体。

月球，因其独特的空间位置、丰富的资源能源，必将成为人类走向深空、开发利用太空资源的天然实验基地和中转站。

月球，作为太阳系大家族中的一员，其形成与演化的探索和研究为太阳系科学理论的创立、发展提供了一个很好的场所。

在科学的概念里，月球是什么？人类目前对月球的认识到了什么程度？月球上还有哪些科学难题还需要我们进一步去探索、去分析、去研究？月球上有什么样的资源可供我们去探测、去开发、去利用呢？

月球运动的轨迹

如同季节的变化一样——不同的地理位置有不同的气候条件，茫茫宇宙中的恒星、行星、小行星、彗星、小天体从其混沌到有序、产生到消失，无不遵循着自然的法则和轨迹。

作为太阳系家族成员中的一员，月球也不例外。从其作为宇宙间的自然产物形成开始，它的大小、它的成分、它的运动、它的“遭遇”、它的演变等就必然遵循太阳系这个大家族的自然“法则”和轨迹。

月球沿椭圆轨道绕地球运动（图 3-1），每旋转一周的时间等同于地球上的 27 日 7 时 43 分 11.47 秒。月球与地球相距最远约 406 700 千米，最近约 356 400 千米；月球在绕地球公转的同时，也

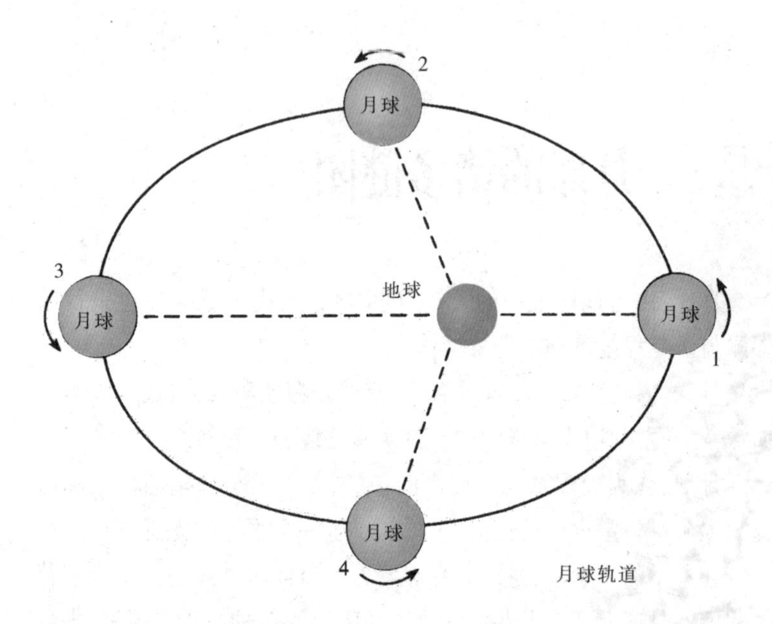

图 3–1 月球运动的椭圆轨道

在自转着,且两者的周期相等。因此,我们在地球上只能看到月球的一面,称为月球正面,另外半个月球总是背向地球,称为月球背面。

由于太阳、地球、月球三者的相对位置随着月球绕地球运行而变化,在地球上观看月球的角度不一样,就有了圆缺盈亏的月相更迭现象(图 3–2)。

"日食"和"月食"(图 3–3)是伴随月球运动发生的正常现象。在太阳光照射下,月球和地球在背向太阳的方向拖着一条影子。月影扫过地面,便产生"日食";月球钻进地球的阴影里,就造成了"月食"。

古往今来,地球上"潮起潮落"、"惊涛拍岸"曾引起多少人的惊叹、恐惧与好奇,激起多少文人墨客笔下生辉,抒发了千古风流人物的万丈豪情。实际上,地球上海水水涨而"潮"、水落而"汐",主要就是由月球引力所致。这种潮汐是有规律的,即每天都有两起两落:两

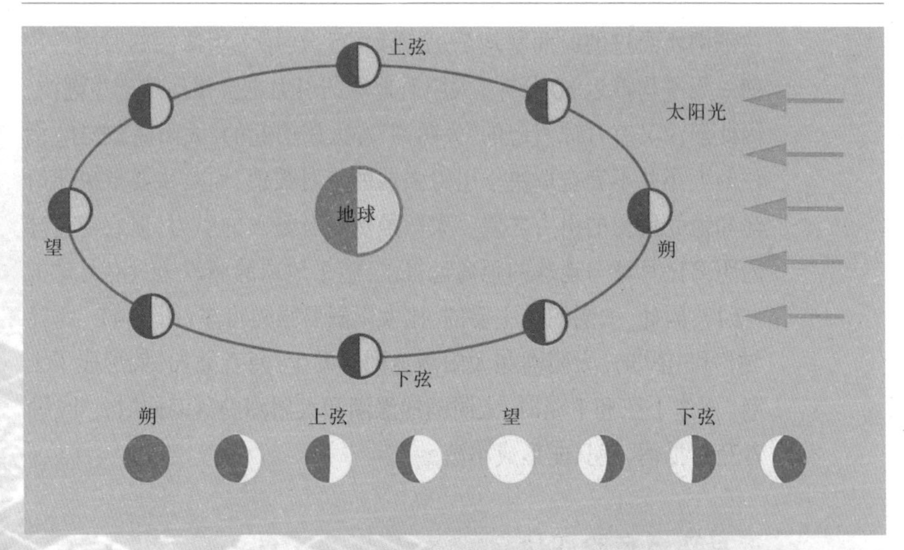

图 3–2　月相变化示意图

图 3–3　2007 年 8 月 28 日在加拿大不列颠哥伦比亚省卡拉马尔卡湖畔拍摄的月全食过程。每 4 分钟拍摄一次,直到月落西山,由此也可推断月食持续的时间(日本天文摄影家 Yuichi Takasaka 摄)

次涨潮所经过的时间平均是12小时25分,第二天涨潮的时间会比前一天平均推迟50分钟。太阳对地球的引力也会使地球产生潮汐,因此潮汐又有月球引起的“太阴潮”和太阳引起的“太阳潮”之分。潮汐的大小并不完全取决于引力强弱的绝对数值,而是主要取决于海洋和地壳所受的引力之差。太阳虽然具有强大的引力,但它与地球的距离比月球与地球的距离远得多,施于地球的潮汐力只有月球的1/2.17,因此,太阴潮是主要的,比太阳潮要强烈得多(图3–4)。每逢“朔”和“望”时,太阴潮和太阳潮会同时发生,两者叠加,就形成了大潮。而逢上弦和下弦时,太阴潮的涨潮和太阳潮的落潮同时发生,两者互相抵消,就只能形成小潮。

近月环境危险四伏

月球几乎“没有大气”已是众所周知的“事实”,其大气压比地球大气压小约14个数量级。

没有了大气层的保温和传热,月球表面的昼夜温差非常大。白天受阳光照射的地方,平均温度可高达约130℃,而夜间和阳光照射不到的阴暗处,平均温度低至约–180℃。

图3–4 产生潮汐时日月影响的彼此消长

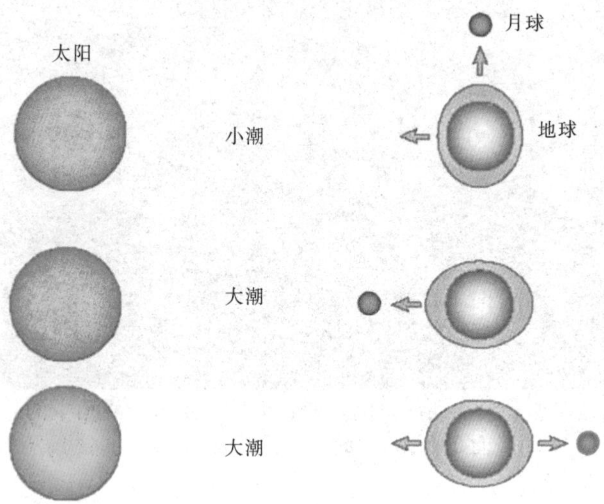

同样,没有了大气层的隔离和保护,月球将直接“裸露”在γ射线、X射

线、紫外线、可见光、红外线和无线电波的电磁辐射环境之中。可以说,固体月球是“飘荡”在一个高度真空的空间里。

那么,月球“生存”于这样的环境中会受到什么样的影响呢?也就是说,这些辐射会对近月的空间环境,对月球表面的温度及其分布,对月面物质成分及其结构等产生怎样的影响、作用,导致怎样的变化乃至破坏呢?其作用机制又是怎样的呢?尽管目前对这些科学问题已获得了一些探测数据,已得到一定程度的了解,但这还远远不够。因为,只有深刻了解这些内涵,才能使我们人类及其制造的探测器在如此严酷的环境下采取正确的防护措施。

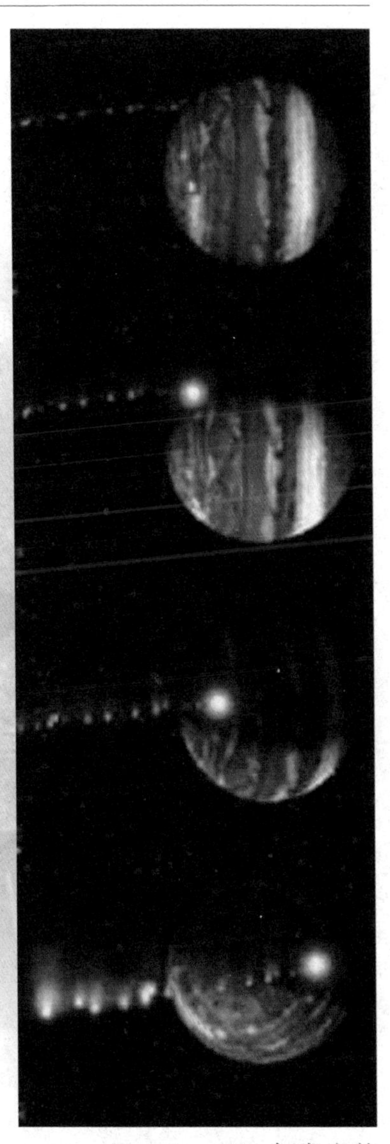

图 3–5　1994 年发生的苏梅克—列维 9 号彗星撞击木星的一系列照片

也许,1994 年发生的宇宙奇观——有“太空之吻”之雅称的彗木相撞曾让您叹为观止(图 3–5);

也许,1991 年 1 月,直径 7 米大小的近地小行星 1991BA 在距地球 17 万千米处掠过而让您虚惊一场;

也许,1989 年 8 月,一颗直径 1 千米的近地小行星 1989PB 在距地球 400 万千米处掠过让您心惊肉跳;

也许,6500 万年前,直径 10 千米的小天体“访问”地球而致使恐龙灭绝让您深感兴趣;

也许,月球上布满许许多多、在地球上就可以观察到的撞击坑让您好奇……

所有这些，只是看得见或能找得到证据的“宏观”事件，而那些非常小但数量大得惊人的在自由空间游弋的“微观”物体——固态颗粒往往为人们所忽视。然而，对于空间探测器乃至飞机来说，这些固态颗粒的危害却不能不引起我们的重视。

我们看看“月球轨道器”和“探险者号”受到这些“微观”物体袭击的结果(图 3-6)，就可以理解为什么我们应该了解、重视并研究那些游弋在近月空间的流星体了。

流星体是自然存在且沿一定轨道穿过空间的固态颗粒，其体积非常小，以至于不能够称之为小行星或彗星。直径小于 1 毫米的流星体称为微流星体，而流星体陨落到行星或月球表面上就称为陨石。

在月球表面几乎所有暴露在空间的岩石都存在由流星体“制造”的微撞击坑。流星体撞击到月面的平均速度为 13 ~18 千米/秒，特别是，面向地球公转运动方向的月面将遇到更大更多的流星体的

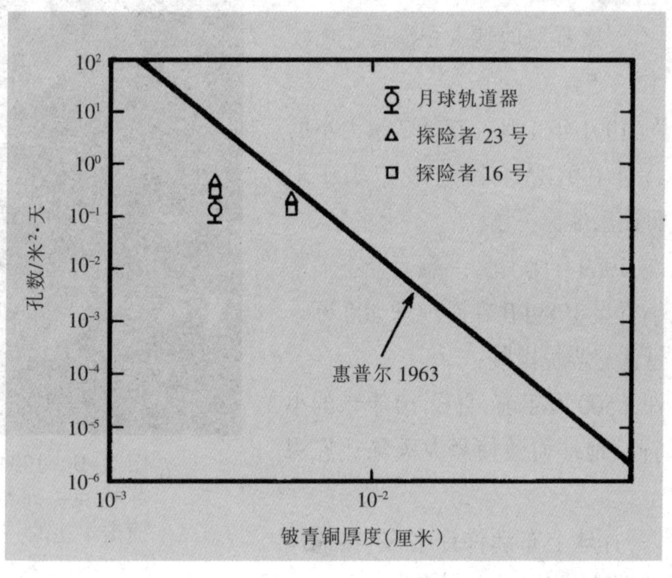

图 3-6 微流星体撞击铍青铜(Be-Cu)金属板产生的撞击孔数

袭击;有一些观点认为流星体流量在月球表面远远大于其在月球轨道上;从月球标本上的微撞击坑计算得出现在的流星体平均流量可能高出史前平均流量一个量级以上。尽管这些观点正确与否还有待于进一步证实，但作为可能使月球探测器或着陆器遭灾的始作俑者——近月流星体——可能引起的灾害程度却是必须研究的。

研究还表明:10^{-6} 克的流星体可以在月球上产生直径为 500 微米的撞击坑，对于所有材料的撞击坑深度都相当于或小于其直径;脆材料的破碎作用会使撞击坑更深;图 3–6 显示了探测器铍青铜合金板上每天被撞击的数目，充分说明了流星体对探测器的危害效应。尽管较大的流星体比较稀少,但其撞击灾难更大。质量为 1 克的微陨石在月球岩石表面上就可形成厘米级深度的撞击坑。

月球探测器在从地球到月球的漫长旅途中，遭遇流星体碰撞的概率是较大的。流星体以超高速撞击到探测器上，即使粒子很小也能产生一定的危害。由于小流星体的数量比大流星体多得多，所以探测器主要是遭受小流星体危害的问题。大致上说,质量低于 10^{-6} 克、直径小于 100 微米的微流星体造成的危害，是对探测器表面的沙蚀作用而使其表面粗糙,进而导致光学表面、太阳电池、辐射表面和映像装置等受到不同程度的损害。大于这一尺度的流星体,还能造成飞行器壳体外表面和内表面的裂痕,甚至有可能穿透壳壁。

尽管月球大气的密度比地球大气小约 14 个数量级,但是,1972 年,苏联“月球 19 号”探测器携带的科学仪器的检测发现,从月表至 50 千米高度的空间存在微弱的电离层，其离子密度为 700~0 个/厘米^3。同样,1974 年,苏联的另一个月球探测器“月球 22 号”也检测到了电离层的存在(图 3–7)。

两次看似偶然的发现却向科学家提出了一个必须回答的严峻事实:如此稀薄大气和没有全球性磁场的月球,何来的电离层呢?

1974 年,美国科学家拉塞尔(Christopher T. Russell)等人利用

“阿波罗 15 号”舱检测到的感应磁偶极距数据，推论出月球具有很弱的电离层，其离子密度约为 500 个/厘米^3。1976 年至 1978 年，苏联科学家维什洛夫(A. C. Вишлов)通过理论分析，提出月球大气的电离率约为 0.2% ~5%的观点，这与拉塞尔的推论完全一致。

我们知道，存在大气和全球性磁场是产生全球性电离层的必要条件。如果拉塞尔和维什洛夫的观点正确的话，那么又如何回答已经被证实了的“月球几乎没有大气层以及月球不存在全球性磁场”的事实呢？

两次偶然发现以及拉塞尔和维什洛夫的观点当时受到了反对派的猛烈抨击以及理论质疑：从月表离子受到太阳风加速过程的理论分析上看，由于月球电导率很低，太阳风磁力线很容易穿透月球，太阳风粒子和地球空间逃逸出去的离子可以直接打到月球表面并

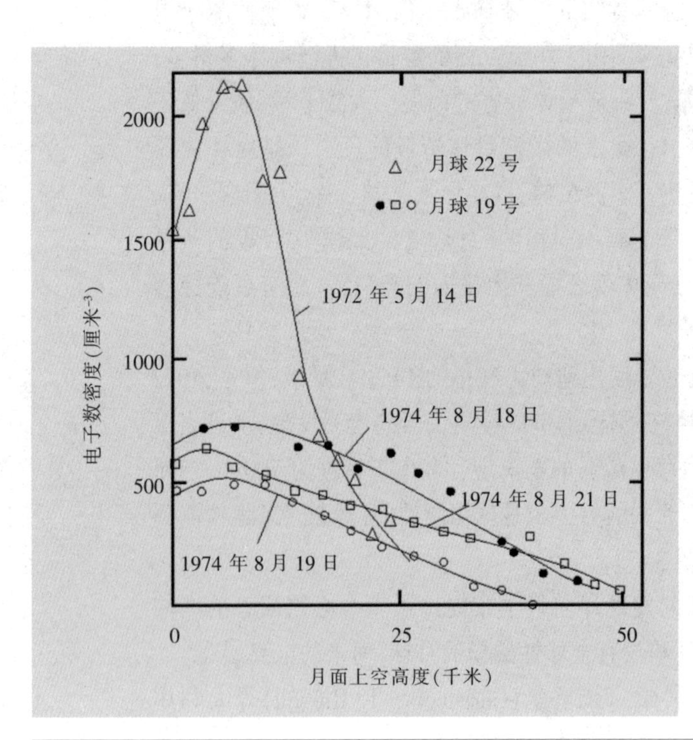

图 3-7 “月球 19 号”和“月球 22 号”对月球电离层电子密度的探测结果

被捕获;月表的大气分子电离后很容易受到太阳风的加速而逃逸到行星际空间,轻原子形成的离子如氢、氦离子在几个小时内就会从太阳加热中获得足够的能量而逃逸,较重原子形成的离子则可在几个月内被太阳紫外辐射电离而随着太阳风逃逸到行星际空间。由于这些逃逸机制的存在,如果存在全球性的电离层,月球表面就必须存在某种来源以维持即使密度非常低的表面大气。因此,考虑到月表存在局部性的古剩余磁场等因素,如果“月球19号”和“月球22号”所检测到的电离层真实的话,也只能是区域性、暂时性的结果,没有实际的科学探测意义。

赞同拉塞尔和维什洛夫观点的一派则认为:反对派忽略了月表岩石形成的剩余磁场对电离粒子运动的影响。他们认为,如果考虑到月表岩石剩余磁场对带电离子的约束作用,那么它有可能对月球微弱的电离层起到一定的维持作用。

长期以来,受到科学探测仪器精度和探测水平等因素的制约,随着月球大气和磁场探测数据的不断充实,关于月球电离层存在与否的问题一直存在诸多争议,但反对月球存在电离层的观点一直占统治地位。

然而,这一若隐若现的电离层问题却一直萦绕在一些科学家的脑海里,困惑着他们,也激励着他们去思考、去研究、去探测。特别是在月球弱引力场、弱局部岩石剩余磁场和稀薄大气的特殊空间环境中,月球可能的电离层的结构特性、粒子的产生和逃逸机制以及磁场特性的研究,对认识月球空间物理的相关机制具有重要的意义。

也许,正是这一困惑、这一谜团,日本和欧洲空间局的月球探测计划都将开展对月球电离层的相关探测。

也许,随着探测数据的不断积累、分析与研究,有关月球电离层之谜终将被揭开。

磁场与重力场的难题

正如月球没有全球性磁场的事实已被多次探测结果所证实一样,32 亿年前的月球岩石具有很明显的剩余磁场强度,证明了早期的月球曾经有过全球性的固有磁场,而后期形成的岩石则缺乏剩余磁场强度,再次印证现今的月球没有全球性的磁场。

那么,到底月球全球性的磁场是如何形成的、后来又是如何消失的呢?这一难题从一开始就困惑着科学界并延续至今,而这一难题又是打开月球内部圈层结构特征及其演化过程这一科学堡垒的一把关键性的钥匙。

遗憾的是,科学家到目前为止还没正确无误地“铸”出这把钥匙。尽管多年来,零零星星的、局部性的、阶段性的有关磁场的发现或检测一直在为“铸造”这把钥匙“添钢、淬火”。

虽然人们没有发现月球存在全球性磁场的证据,但一些局部性的小区域的磁场却时常可检测到。如 1998 年发射的 “月球勘探者号”探测器上磁强计和电子反射谱仪的检测资料(图 3-8)表明在雨海和澄海地区存在区域性磁场。研究人员通过分析研究,发现这些磁场具有对峙分布的特点。

所有这些“点点滴滴”的探测与分析结果,给研究人员带来了如下的启示:

(1) 月球在 32 亿~38 亿年前期间可能曾经有一个熔融的月核,带电流体在月球内部的流动,产生了一个相对较弱的全球性磁场。而这一启示必然牵引出一系列的问题:为什么月球在形成后的 7 亿~8 亿年后才产生这一熔融的内核?而后来这一内核又如何消失的呢?诸如这些涉及机制性问题的答案必须从月球成因与演化这一源头性问题中去寻找。

(2) 对峙性分布的区域性磁场与巨大撞击坑分布位置相关,表明这些磁场的存在可能是由巨大撞击作用引起的:由于超速撞击可

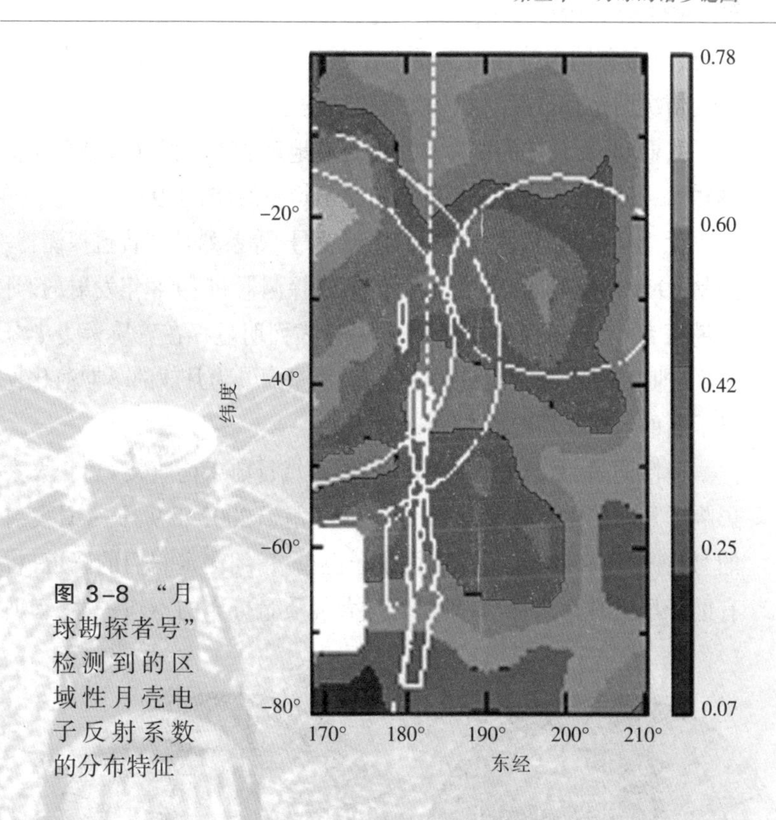

图 3-8 “月球勘探者号”检测到的区域性月壳电子反射系数的分布特征

形成等离子体云，这一等离子体云可滞留于月球上5分钟左右，从而使原先的磁场得到加强，而被加强了的磁场在等离子体云衰减变薄之前仅可保持一天左右，如此短的时间明显比大量岩石的冷却时间短，因此，热剩余磁化是不可能的，但在撞击盆地两边(即环上)由于撞击溅射作用，使得撞击剩余磁化成为可能。同样，这一启示也带来不少的质疑声：为何在其他巨大撞击坑的环上却没有发现磁场的存在？

(3)区域性磁场的存在特征可能与月球原始物质的不均一性相关。探寻这一问题的结局必然触动到200年来太阳系天体“均变论”与“灾变论”之争的神经中枢。

月球重力场是月球内部信息的重要反映，是研究月球内部物质成分、分布和结构特性的重要内容之一，而精确探知月球重力场分布的情况则是月球探测器至关重要的任务之一。

我们知道，月球的重力加速度只有地球的1/6，但这只是总体上的概念，实际上月球重力场的分布是不均一的(图3-9)。

无论是早期的"月球号"和"阿波罗号"等系列月球轨道探测器，还是1994年发射的"克莱门汀号"轨道探测器和1998年发射的"月球勘探者号"轨道探测器都发现：月球表面明显存在着质量集中分布区，即通常所说的"质量瘤"。正是"质量瘤"，为月球的早期演化提供了新的地球物理约束。

遗憾的是，月球背面大约33%的区域目前未能直接观测，大大影响了月球整体性的重力场计算模型。刚于2007年9月14日发射的"月神号"有一个主卫星和两个子卫星；精细测定它们的轨道，将有助于反演月球内部、特别是月球背面质量分布的不均一性，有助

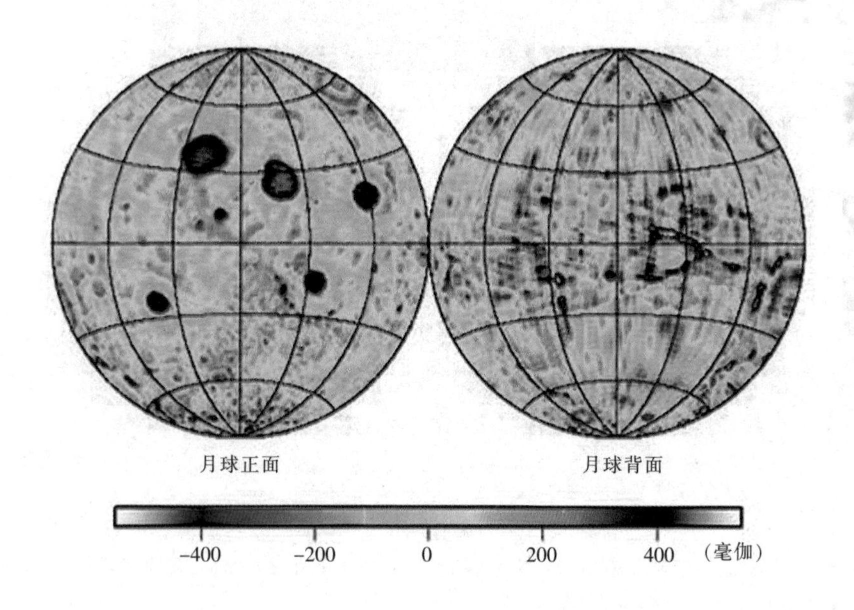

图3-9　目前已探知的月球重力异常分布图

于研究月球内部的层圈结构。

质量瘤产生的原因或机制目前还没有统一的说法,基本上有外因说和内因说两种。人们可以预期,随着探测技术和精度的不断提高,随着探测数据的逐渐增加以及计算模型的不断完善,有关质量瘤产生机制的难题必将得到解决。

月表形貌满目疮痍

如同人的面貌和衣裳最容易受别人关注那样,天体的地形和地貌也是最容易被人们关注的对象。

天体的形貌是其演变在表层的综合体现,诸多内部信息可以从形貌特征及其组合特性中提取。而且,该天体与外界接触、受外界侵袭的历史同样可以通过其形貌来反演。

那么,月球的形貌到底是怎样的呢？它是否真像我们肉眼见到的那样洁白光莹、平坦如镜？抑或是像古人想象的那样——既有青山绿水又有生物嬉戏的仙景呢？

概括地说,月球的形貌可以说是“满目疮痍尽荒凉”!

和地球相比,月球的地形地貌要简单得多,其整个表面总体上可分为月海和高地两大地理单元(图 3-10)。

我们平常在地球上肉眼所看到的月球正面上的暗黑斑块,称为月海。月海是月面上宽广的平原。在月球上有 22 个月海,直径各不相同,大者如风暴洋的直径约 1740 千米,小的如泡海直径仅约 140 千米。除东海、莫斯科海和智海位于月球背面外,其他 19 个月海都分布在月球正面,约占月球正面面积的一半。月海区相当平坦,最大坡度约为 17°,一般坡度在 0°~10°。

月球表面高出月海的地区均称为月陆或高地。在月球正面,月陆的总面积与月海的总面积大体相等；在月球背面,月陆面积则要大得多。月陆地区一般高出月海“水准面”约 2~3 千米。由于月陆主要是由一种浅色的、被称之为斜长岩的岩石组成,所以它

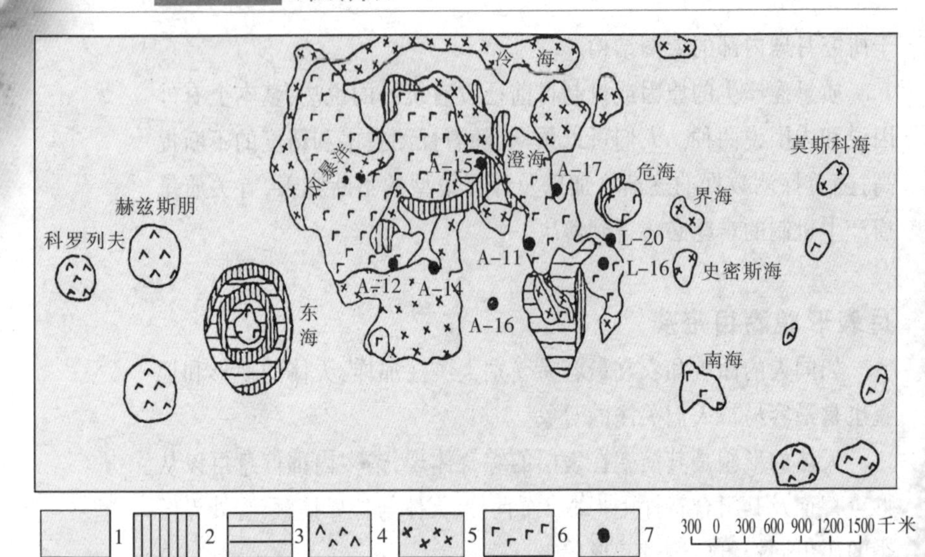

图 3–10 月面主要构造形貌分布示意图。图例说明:1. 广阔的大陆区;2. 由山链构成的边缘隆起;3. 巨大的内陆和边缘盆地,即类月海;4. 最大的环形构造,或亚类月海;5. 巨型月海盆地的边缘带和小月海盆地;6. 巨型月海盆地的内带;7. "月球号"(L)着陆取样点和"阿波罗号"(A)载人登月点

对阳光的反照率较高，我们用肉眼看到的月球上明亮的部分就是月陆地区。高地区较月海区起伏大,最大坡度约为 34°,一般为 0°~23°。

和地球一样,月球上也有开阔的平地、高原、连绵不断的山脉、陡峭的崖壁和幽深的沟壑，而那些布满月面的大大小小的撞击坑(图 3–11)则是月球早期受到小行星、彗星等猛烈撞击的历史见证。统计表明，月面上直径大于 1 千米的环形构造总数在 33 000 个以上,在月陆区的分布密度明显比月海区大,总面积约占月球表面积的 7%~10%。绝大多数月坑都是撞击作用形成的撞击坑。

月面上所布满的撞击坑,尽管在人们传统思维里是一个负面的东西,似乎是一个"非和平、非友好的"产物,但它们确实是太阳系各层次演化中的自然现象。研究月表撞击坑的形态、结构、规模、数量、密度、分布等特征，将为我们提供有关撞击成坑机制、撞击效应等的丰富信息，对阐明月球表面撞击史及其对月球物质、形貌和内部结构的影响，对揭示46亿年来月球的运动演化，对分析太阳系各天体运动演化的共性，乃至为预防小天体撞击我们人类的摇篮——地球，都具有深远的科学意义。

人类未来的资源库

无论是在月球科学研究领域，还是为解决未来月球基地的供水问题，探测与研究月球上的水都有重要的科学意义和实际意义。

月球上到底有没有水，长期以来一直是科学家们关注的一个焦

图 3-11 月面上布满了撞击坑

点。科学家们在证实月球存在水的问题上做了大量的理论工作,认为月球的永久阴影区应该存在水冰,而且月球上的这些水冰可能来源于:

(1) 由彗星或小天体带入。当彗星撞击月表并剧烈破碎时,碎块溅落到撞击坑永久阴影区与月壤混合。

(2) 由太阳风中的氢原子与月壤和月岩中的氧化亚铁(FeO)发生还原反应产生的水分子, 在永久阴影区冷凝成水冰后得以保存。

(3) 月球深部释放的岩浆水,在永久阴影区冷凝成水冰得以保存。

早在 1961 年,就有学者认为,由于太阳赤道平面与月球赤道平面夹角不超过 1.6°,月球两极一些撞击坑的底部有可能常年处于阴影下,温度有可能低达约-220℃。在这样的低温下,水完全可能以冰的形式保存下来,逃逸进入深空的概率很小。所以在月球两极的撞击坑中水冰可能大量存在,其存在的形态可能为冰尘混合物。这一设想尽管在理论上是合理的,但在早期,无论是美国的一系列探测,还是苏联实施的大量探测计划, 都没有找到月球上有水存在的证据, 因此有关月球极区存在水冰的设想一直没有得到重视。直到 1994 年美国发射"克莱门汀号"后,月球极区存在水冰才第一次有了直接证据。当"克莱门汀号"沿 234 号轨道运行到月球南极上空 200 千米高处并与月球、地球成一条直线时,传回的雷达反射信号不是月面岩石碎屑所具有的那种特征, 而是显示出该区有可能存在水冰。

尽管还有不少专家认为上述信号尚不足以证明月球上有水冰存在,粗糙的月表也可能导致这种信号的产生。但是,关于月球极地可能存在水冰的发现和对它的怀疑公布于众后,在新闻界和学术界引起了巨大的震动,并在国际上掀起了进一步探测月球表面水冰的热潮。为此,美国 1998 年发射的"月球勘探者号"环月探测器专门携带了可以探测水冰的中子谱仪。通过“月球勘探者号”环月探测器的探测，从传回的信号分析，不但发现月球南极有水冰的存在，而且北极也存在着大量的水冰(图 3-12)。

为了进一步证实所探测区域有水冰存在，美国国家宇航局的研究人员相信：当重达 160 千克的“月球勘探者号”高速撞向月球南极的一个可能存在水冰的区域时，释放的能量很可能撞出一个大坑。如果水冰确实存在于月表月壤层中，撞击力将足以使水冰蒸发并溅射出一团水蒸气。因此，1999 年 7 月 31 日，当“月球勘探者号”即将完成使命之前，美国国家宇航局下达指令，让探测器以 6115 千米/小时(约 1700 米/秒)的速度向月球极地表面预定目标撞去。科学家原本估计撞击将激发 18 千克左右的水蒸气供地基和空基观测，从而得到无可争议的存在水冰的证据。遗憾的是，“月球勘探者号”撞击后却没有出现期待中的水汽云，哈勃空间望远镜和得克萨斯大学麦克唐纳天文台地基探测设备也没有探测到任何有关水的信息。对此结果，目前有以下几种可能的解释：

图 3-12　月球南北极区的永久阴影区内发现可能存在水冰

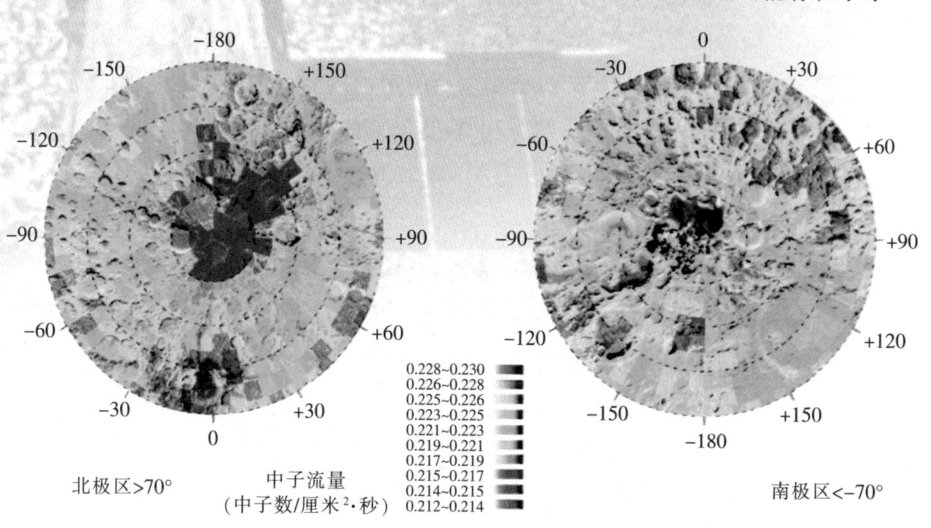

(1) 探测器可能撞击到目标区的一块岩石或干燥的月壤上;

(2) 水分子进入矿物的晶格中,而不是以冰晶体的形式存在,撞击作用难以使矿物中的水分子释放出来;

(3) 撞击坑里根本没有水冰,中子谱仪探测到的纯粹是氢;

(4) 观测的望远镜没有对准,释放的水蒸气没能进入望远镜的视场。

“月球勘探者号”的撞击没有发现水蒸气的迹象,给月球上存在水的问题留下了阴影。虽然月球上存在水冰的问题具有重要的科学研究价值,但对于未来月球基地水的供应问题,人们应该有一个清晰的认识,那就是即使月球极地存在水冰,也不太可能是月球基地可以依赖的水资源。

首先,水冰含量低且存在于极地永久阴影区内,阴影区终年黑暗、低温,对开采仪器的性能要求非常高,人类很难直接利用。

其次,月壤中水冰的含量极微,生产 1 吨水需要开发数平方千米面积的月壤,水冰的收集和运输不仅在技术上存在着很大难度,而且也不是非常经济的办法。

因此,未来月球基地供水的问题,需要从另外的途径解决。值得庆幸的是,根据目前的研究,月海玄武岩中含有海量的钛铁矿资源,而在开采钛铁矿的过程中生产的水可以满足未来月球基地的需求,根据简单的化学反应方程“$FeTiO_3 + H_2 = Fe + TiO_2 + H_2O$”,可以估算出:消耗 1 吨钛铁矿、0.013 吨氢气,可以提炼 0.37 吨铁、0.52 吨二氧化钛和 0.12 吨水。

土地,是个对人类而言理应最熟悉、最亲切的字眼。无论是远方游子怀揣着家乡的故土,还是驻足在“家”依恋着乡土气息,人类对土地的情感似乎是血液循环中固有的一分子、一细胞。也许因为我们的家园只能建立在我们脚下的土地上;也许正如一位诗人所说的那样:土地的枯荣,便是岁月的枯荣;也许……

对月球而言,无论是人们在地球上利用天文望远镜观测,还是通过绕月卫星进行探测，乃至亲临月球，在观赏月球上奇形异貌后，让你最想了解、最想拥有、最觉实感的还是月球上的“土地”——月壤(图 3–13)。

除悬崖峭壁外，月球上几乎整个表面都覆盖着一层厚厚的月壤。根据 9 个着陆点对月壤厚度的就位测量以及地面观测的分析结果，月海分布区的月壤厚度平均为 3~5 米，而月球高地由于暴露的时间较长，历次冲击成坑的溅射物的覆盖使得月壤堆积较厚，平均厚度约 10 米。

正如地球上土壤是人类赖以生存的宝库一样，月壤中有没有值得我们去探测、去开发的宝藏呢？如果有，这些宝藏是如何分布的？它们来自何方？

图 3–13 “阿波罗 11 号”宇航员现场测试月壤性质的情景

月壤主要受到以下三种来源的辐射,即太阳风、太阳耀斑和银河宇宙线。由于月球几乎没有大气层,作为主要辐射源的太阳风粒子直接注入月壤之中,使月壤富集太阳风粒子成分,尤其是稀有气体成分。月壤中稀有气体的含量与月壤的颗粒大小、矿物组成、元素成分与结构特征有极为密切的关系。例如,月壤颗粒越大,稀有气体的含量越低,反之,颗粒越小含量越高;月壤中二氧化钛的含量与稀有气体的含量成正比等。

在这些稀有气体中,最值得我们关注的是氦3。我们知道,氦3是一种可长期使用的、清洁、安全和高效的核聚变发电的原料。那么,到底月壤中存储着多少氦3呢?根据专家初步保守估算,月壤中氦3资源的总量约为100万~500万吨。

人们知道,氘-氚聚变反应与氘-氦3聚变反应有一个重要的不同,即氚具有放射性,而氦3是稳定同位素,使用氦3不需要防护且更为安全。我们通过一个简单例子,就可以理解这500万吨氦3的真正价值:建设一个500兆瓦的氘-氦3核聚变发电站,每年消耗氦3仅50千克;1987年美国的发电总量若用氘-氦3核聚变反应发电,仅需消耗25吨的氦3;1992年中国若用氘-氦3核聚变反应发电,全年只需消耗氦3约8吨。

遗憾的是,固体地球上的氦3总资源估计不超过15吨。因此,可以这么说,随着人类航天技术与航天运输的不断发展,开发利用月壤中的氦3将成为可能,月壤中的氦3为解决人类所面临的能源危机提供了一种可能。

那么,除上面所说的氦3外,月球上还有什么资源呢?月球能否成为地球资源可持续发展的储备库呢?这就得从月球的岩石、矿物和化学成分上来看了。

月球化学成分是了解月球演化历史的关键。同地球科学一样,月球科学最为基本的任务,也是认识月球的形成和演化历史。正确了解月球岩石、矿物的组成、化学成分特征及其分布规律,乃是研究月球形成和演化历史的基本前提。

如同认识地球是为了更好地开发、利用地球一样，探测与研究月球，同样也是如此。月球资源的利用和开发，一直就是人类探测月球最为关键的源动力。

与地球一样，月球的物质是由岩石组成的，岩石是由矿物组成的，不同的矿物则各有其独特的化学成分。

研究表明，月球是一个在物质成分上不均一的天体，它由不同类型、不同形成年龄、不同形成方式的各种岩石物质构成。一些月球岩石比较相似，如各类玄武质熔岩在形成方式和成分特征上均比较相似，而另一些岩石如月球上的角砾岩则差异很大。

月球岩石主要包括高地斜长岩、月海玄武岩、克里普岩和角砾岩。高地斜长岩(图 3–14)含有 70%的斜长辉长岩，它是组成月球高地的岩石，也是月球上保存下来最老的台地单元，是岩浆分离作用的产物。月海玄武岩(图 3–15)主要充填于广阔的月海盆地内，它的

图 3–14 高地斜长岩

图 3–15
月海玄武岩

图 3–16
克里普岩

形成年龄大多在 32 亿年前到 38 亿年前之间,是由月球内部富铁和贫斜长石的区域因放射性加热部分熔融而产生的,不是月壳原始分异的产物。克里普岩(图 3–16)因富含元素钾(K)、稀土元素(REE)和磷(P)而被命名为克里普(KREEP),由富斜长石的岩石部分熔融而产生，岩石中的铀、钍、钡、锶及稀土元素的含量至少比球粒陨石高5倍。角砾岩(图3–17)是由撞击导致形成的岩石，成分较为复杂，主要由下覆岩石及玻璃质组成。

随着月球探测与研究的不断深入，月球上有丰富的矿产资源已逐步被认识、逐步被证实。20世纪90年代以来，随着对“克莱门汀号”和“月球勘探者号”探测数据的研究与分析，月球上的矿产资源受到了空前的重视。目前的研究表明，月海玄武岩中的钛铁矿资源，克里普岩中稀土元素、铀、钍等资源性元素，斜长岩中的硅、铝、钙等资源性元素具有巨大的开发利用前景。

我们知道，目前人类正面临着人口激增、资源匮乏、环境破坏、生态恶化和灾害频发等诸多困境，而人口激增与资源匮乏的演变必然加速人类步入资源枯竭的困境。

因此，可以说，月球蕴含的海量资源是人类未来可持续发展的新的资源生长点。

图3–17
角砾岩

内部结构百般深沉

如果说,月球的形貌是月球演变的表层综合体现,那么,对月球内部结构的研究才是了解月球46亿年“沧桑变迁”过程的真正“灵魂”。

如果说,经过46亿年沧桑变化的地球仍然勃勃生机是缘于其旺盛的“内能”,那么,31亿年以来就已“僵死”了的月球,其内部圈层结构演化的彻底程度与地球相比又是怎样的呢?

遗憾的是,目前人类对月球内部结构的认识尚处于理论推测阶段,只能通过有限的探测资料以及通过与地球、太阳系其他行星、卫星的比较研究而获得一些初步的认识。

20世纪90年代以前,根据对已获取资料的分析与研究,产生了许多有关月球内部结构的模型,比较一致的意见是:现今的月球已不再是早期吸积后的原始月球,它也具有类似于地球的内部构造(图3-18),即具有月壳、月幔和月核的圈层结构;不同的意见主要体现在各圈层的厚度、物质成分以及演化程度等方面,特别是对月球是否有月核以及月核的厚度、成分、物质状态等问题上。

根据对1998年发射的“月球勘探者号”携带的磁力仪和电子反射谱仪测量资料的分析,月核的半径可能小于400千米。

尽管月球内部结构的争论到底孰是孰非,目前还无法确定。但有一点可以充分坚信,那就是:随着对月球探测与研究的不断深入,人类对月球的内部世界的了解将更加清楚、更加透彻、更加深刻。

成因理论曙光初露

如果说,自然科学中各个分支学科既细密分工,又紧密联系、互相渗透,从而促进了人类对宇宙、自然和事物的认识不断深化,那么,从发展的大趋势来看,越来越多的“联系”和“渗透”,则进而使自然科学、社会科学和技术领域之间的严格区分逐渐变得模糊,但对

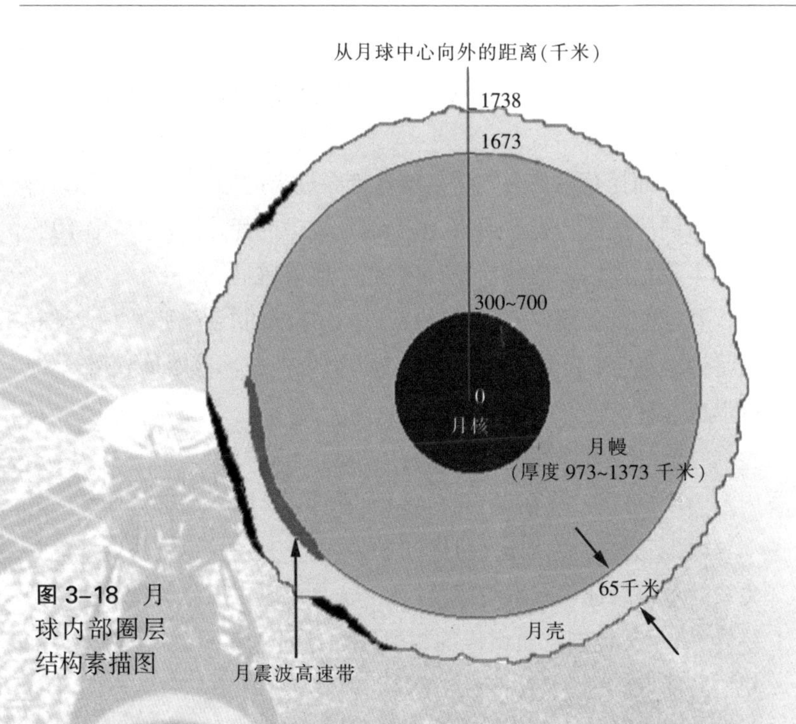

图 3-18　月球内部圈层结构素描图

事物的认识却日趋真实化、精确化和深刻化。

如果说,当有关宇宙、恒星、行星、卫星等天体的理论从神学家的权柄中滑向纯粹的天文学家和哲学家的手中时,当他们的观点融进众多的哲学韵味时,似乎就预示着:传统而单相思维的自然科学必向多相思维的系统科学发展乃是人类智慧发展的自然规律,更是历史文明发展的必然。

如果说,天文学家用肉眼和望远镜获得有关月球的信息,并以哲学理念提出其对月球的认识和观点是自然科学与社会科学融合的过程,那么,20 世纪 50 年代以来由于空间探测技术的参与,促使月球科学诞生并渐趋成熟则是自然科学、社会科学和空间技术高度融汇的真正体现。

如果说,月球的成因理论从众说纷纭逐步走向目前越来越多学者认同的大碰撞分裂说乃是科学发展的必然,那么,长期以来困惑科学界的月球成因理论的曙光也必将随着月球探测与研究的不断深入而到来。

月球的捕获说认为月球是地球抢夺过来的“儿子”:地球与月球不是由同一团星云物质形成,由于地月轨道的变化,月球在1~10个地球半径范围内被地球捕获,最终成为地球的卫星。

月球的共振潮汐分裂说坚持月球是地球的“亲生儿子”:地球初始呈熔融态,由于潮汐共振,使在赤道面上的一部分熔体分离,冷凝后形成月球。

月球的双星说则坚信月球与地球是“姐妹”或“兄弟”关系:在太阳星云凝聚过程中,在星云的同一区域同时形成了地球和月球。

以上三种假说,对解释月球的化学成分、结构、运行轨道和地月关系的基本特征各有不同程度的依据,但在地月成分与自转速度的差异,氧及其他同位素组成的相似性等方面,仍存在许多难以自圆其说的疑点。

随着对月球研究的不断深入和认识的逐步深化,一种新的月球成因假说——“大碰撞分裂说” 逐渐获得了大多数学者的支持 (图3-19)。该假说认为:地球早期受到一个火星大小的天体撞击,大部分撞击碎片返回各自的母天体,一部分残留在轨道中的碎片(即两个天体的硅酸盐幔的一部分)形成了月球。这个假说较合理地解释了月球的平均密度(3.34 克/厘米^3)比地球和其他类地行星的平均密度低得多,月球与地球的质量比为1/81.3,月球的钾、铅、铋等挥发性元素严重亏损,而钙、铝、钛和铀等难熔元素则比较富集,月球的氧化亚铁比地球的地幔多50%,地月系统的角动量,地球自转加速及地月自转速度的差异,月球早期曾产生过岩浆海洋及斜长岩月壳与月海玄武岩的喷发等一系列事实。

事实上,大碰撞分裂说经历了20世纪70年代的提出与模型的建立,80年代的争论与模型的逐步完善,90年代逐渐获得了大多数

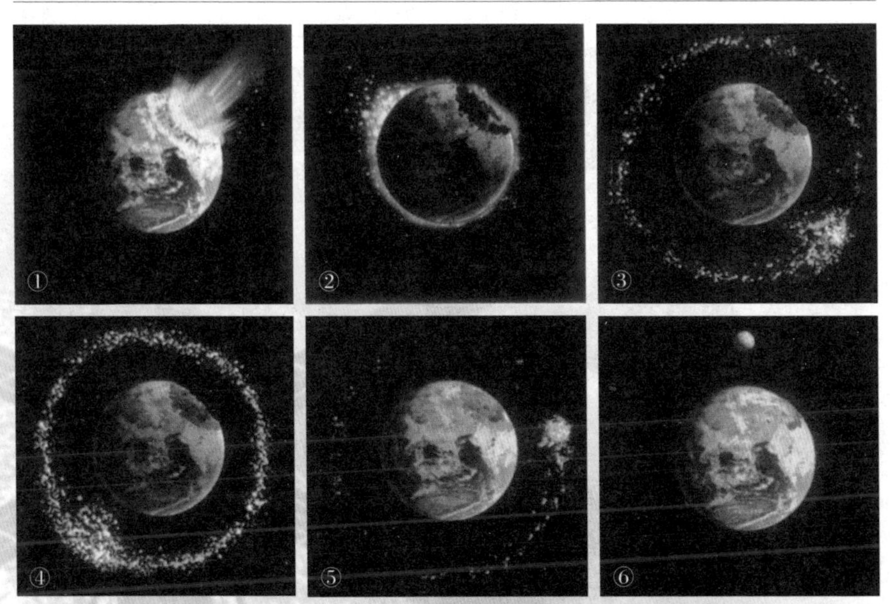

图 3–19 地球遭撞击形成月球过程示意图。①撞击瞬间,②撞击引起表层部分熔融,③部分熔融物质冷却成碎块绕地球运行,④绕地球运行的碎块不断碰撞、吸积、长大,⑤形成月球胚胎,⑥现今的地月系统

学者的支持,直到今天还在不断丰富、充实与完善。

然而,月球的大碰撞分裂说并非是完美无缺的,从它的提出、逐步完善和到今天得到越来越多学者认同的每一个阶段,质疑的声音就未间断过。如:地月系统早期演化过程的时间框架结构问题,为了解决角动量问题而不得不借助于火星大小的行星碰撞,以及难以解释地球与月球的钾同位素组成几乎没有分馏等。

根据月球的成因理论,结合月球内部结构演化过程、各种热历史特征,以及月球物质演化的时间序列,目前有关月球的演化史可划分为 4 大阶段(图 3–20),即:形成与早期熔融阶段(A)、高地和月海形成阶段(B)、月海玄武岩喷发阶段(C)和晚期演化阶段(D)。

可喜的是,目前在对月球成因的认识上,正在汲取各种已有假说中的合理内容,相互渗透、相互补充,不是孤立地强调某一假说,

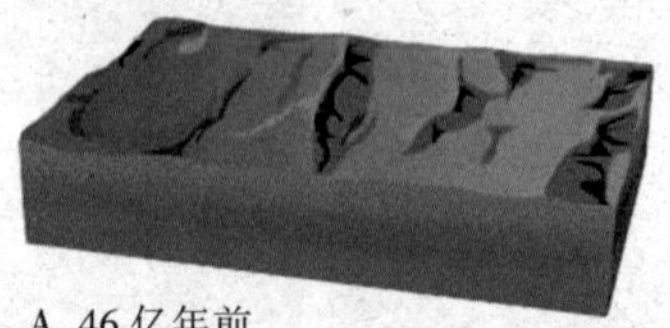
A. 46 亿年前

B. 46~38 亿年前

C. 38~32 亿年前

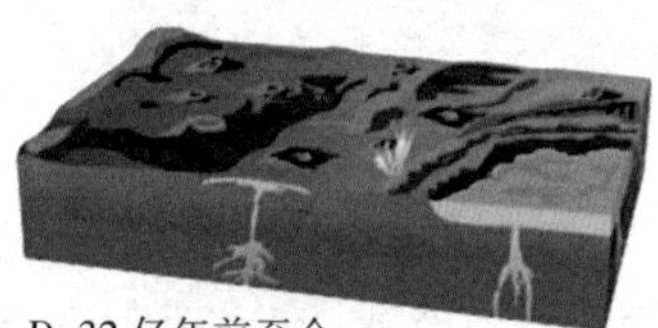
D. 32 亿年前至今

图 3-20 月球演化历史的 4 个阶段

而是汇集各假说的科学的、合理的部分;也不是孤立地解释一些观察事实,而是从整体上解释月球的起源与演化的过程。

观察、积累、分析、推断、争论、修改、补充、完善,是任何一个科学理论体系形成的必经步骤,而争论则是这些步骤中的关键一环,因为只有通过争论,理论体系的正谬才会越辩越明。随着月球探测的不断开展,以及对探测数据的深入分析和研究,人类终将会查明月球起源的真相。

第四章 中国人的梦想与追求

探测、开发、利用月球是目前各国深空探测的主潮流。

那么,作为超过世界人口 1/5、陆地面积为世界第三的中国,该不该开展月球探测?当今中国到底有没有能力开展月球探测?中国开展月球探测将做什么、又将如何做呢?

人造地球卫星、载人航天和深空探测是航天活动的三大领域。中国在发展人造地球卫星和载人航天之后,适时开展以月球探测为主的深空探测是中国航天活动的必然选择,也是中国航天事业持续发展,有所作为、有所创新的重大举措。

昨日梦想今天行动

我们姑且不去评说目前中国政治稳定、经济快速发展成为开展中国月球探测活动的坚实后盾,也暂不评述开展月球探测对提高国家威望和增强民族凝聚力、维护中国在国际外空事务中的权益、带动和促进高新技术和基础科学的全面发展、推进航天领域的国际合作等所起的重大作用,单就月球无大气、无磁场、弱重力场、稳定的地质构造等特殊环境所赋予的潜在资源,以及月壤与岩石中丰富的氦 3 和矿产资源而论就足以说明中国应该开展月球探测活动了。

在空间技术上,中国从 20 世纪 50 年代末就已开始空间探测技术的攻关性研究。50 多年的航天工程实践,已经建立起包括运载火箭和航天器的研究、设计、生产和试验等的完整配套的航天工程体系,建立起能发射各类卫星和载人飞船的航天器发射场(图 4-1), 建立起可以有效测量与控制所发射航天器的航天测控网,建立起可用于多种卫星的应用开发系统和空间科学研究体系等。“两弹一星”的历史性突破，气象卫星(图 4–2)、通信卫星(图 4–3)、资源卫星(图 4–4)等的持续发展，“神舟号”系列飞船(图 4–5)的历史腾飞，无不显示了中国已经完全具备开展月球探测的能力和技术条件。

在基础研究与队伍建设上，中国学者跟踪和从事月球科学方面的研究也已有近 50 年的历史，积累了相当的知识基础，建立了一支知识结构、年龄搭配合理的研究队伍。特别是在过去的 10 多年中，中国的科学家对开展月球探测的科学目标和任务目标进行了系统的研究与论证，从技术可操作性角度出发，提出了分步实施月球探测的总体目标、科学探测任务，并制定出具有中国特色的、符合中国国情的月球探测工程一期任务的科学目标。

铭记华夏子民的万千寄语，把嫦娥奔月的千年梦想付诸今日的行动，这就是中国人民的声音，这就是中国在航天领域上新的呐喊。

正如地球上每次自然灾害使人们领悟到大自然没有政治边界

图 4–2 我国发射的气象卫星

图 4–1 我国自主建立的发射场

一样,月球的探测、开发与利用也是没有政治边界的，仅有的只是占有的先后,即谁先到达,谁先占有;谁先开发,谁先利用。

那么，中国开展月球探测活动到底有什么样的意义或作用呢?

图 4-3　我国发射的通信卫星

把握机遇迎接挑战

月球探测是一个国家综合国力和科学技术水平的全面体现。20 世纪 50 年代到 70 年代，美国与苏联之间因月球探测事务上的激烈竞争牵引到科学技术、国家综合实力的竞争就是最好的明证。1957 年 10 月 4 日苏联将第一颗人造卫星送入地球轨道后不久,特别是 1959 年至 1976 年的冷战期间,两国之间月球探测的竞争愈演愈烈，其涉及面完全波及科学技术的竞争和综合国力的竞争。在此期间的 10 余年中,月球探测经历了从飞越月球、硬着陆、绕月飞行、软着陆、无人登月取样返回地球及载人登月取样返回地球的过程，带动了两国一系列科学与技术的迅猛发展。随着冷战形势的缓和,经过近 17 年月球探测的宁静时期,国际重返月球的热潮迅速兴起。

图 4-4　我国发射的资源卫星

中国不能长期脱离这种现实与趋势。中国是一个世界大国,自 1970 年 4 月 24 日成功地发射第一颗人造地球卫星以来，运载火

图 4–5　我国发射的“神舟号”载人飞船

箭、应用卫星、试验飞船技术有了飞速的发展，特别是在载人航天上取得历史性的成功与突破后(图 4–6)，开始实施月球探测成为中国航天事业的必然趋势。

开展月球探测对填补中国在深空探测上的空白、在月球探测上占有一席之地，对提高中国在国际上的威望、增强民族凝聚力和综合国力具有重要的意义与作用。

月球探测是中国继实现载人航天之后，空间科学和航天领域的又一新里程碑。应用卫星、载人航天和深空探测是航天领域的三大组成部分。中国一直将应用卫星放在发展目标的首位，成果斐然。随着 921 工程的实施，载人航天技术也已取得了突破。至此，唯有深空探测尚未开展，在月球及行星探测方面仍属空白，而月球探测则是深空探测的首选目标。目前国际上重返月球计划尚处在起步阶段，正是我们迎头赶上，一举摆脱中国月球探测落后局面的大好时机。月球探测的开展，将使中国的空间探测水平迅速跨入国际先进

图 4-6 我国于2003年发行的纪念邮品“中国首次载人航天飞行成功”小全张

行列,并实现华夏民族千年的飞天梦想(图 4-7)。

月球探测将带动和促进一系列科学技术的发展,如大推力运载火箭、深空轨道测控、远距离数据传输与通信、人工智能、遥科学、自动化加工、光学通信、超高强度和耐高温材料、电能的微波传输及空间生命科学等,并将在军事和各民用领域得到延伸、推广和二次开发,产生显著的社会经济效益。

利用月球表面的高真空、无磁场、弱重力、地质构造稳定和高洁净的环境,月球基地将建立对地监测站,将适时获得地球的各种自然过程(如天气活动、环境变化、自然灾害等)和人为活动(如工程建

图 4-7 我国于 1994 年发行的特种邮票“唐·飞天”,表达了华夏民族的飞天梦想。敦煌艺术中的飞天身姿轻盈,手捧香花,下有五彩祥云托伏,显示了天国的灿烂光明

设、交通运输、城市变化、军事活动等)的重要信息,并及时提供快速反馈处理系统。

中国开展月球探测、研制和发射月球探测器,不仅可以较多地利用本国已经掌握的卫星有效载荷和公用平台的技术,而且可以为载人航天的某些技术,如制导导航与控制、着陆缓冲等技术积累经验。

“阿波罗计划” 对人类的航天和高科技发展所起的带动和促进作用是一个典型的范例。“阿波罗计划”是现代规模最大、耗资最多的科技项目之一, 它的实施导致20世纪60~70年代兴起了液体燃料火箭、微波雷达、无线电制导、合成材料、计算机等一大批高科技工业群体。特别是后来又将该计划中取得的技术进步成果向民用转移,带动了整个科技的发展与工业繁荣,其二次开发应用的效益,远远超过“阿波罗计划”本身的直接经济与社会效益。如:

在促进航天技术的发展方面,原名“阿波罗应用计划”的“天空实验室”就是利用“阿波罗计划”剩余的运载火箭和载人飞船作为运输系统,将“土星5号”第三级壳体改装后作为实验舱,开展试验性航天站活动。该计划从1973年5月至1974年2月进行了天文观测、地球资源勘查、生物医学和材料加工等270项试验,突出显示了人在空中长期生活和从事检查、维修、排除故障和进行科研工作的能力,还创造了连续载人航天84天的记录,为后来国际空间站的建立, 以及20世纪80年代初以来开始研制的永久性航天站的建立,提供了宝贵的科学依据和技术支撑。

在航天飞机与航天技术发展方面,美国充分利用并改进“阿波罗计划”的已有技术,使航天运载器由一次性使用向可重复使用的航天飞机过渡,从而大大降低运载成本。如美国从1972年至1981年最大限度地压缩载人航天活动,集中财力研制航天飞机,经过近10年的努力终于取得成功并投入使用。截至1986年1月,仅4架航天飞机就完成了24次飞行,先后发射了29颗卫星,在轨道上修理了2颗卫星,回收了2颗卫星,携带空间实验室进行4次飞行试验,还进行了大型结构装配和燃料加注试验等。航天器技术的理论基础涉及近代大地测量学、数学、物理学、化学、天文学、力学、生物学、空间医学等众多学科，其实践条件涉及新近发展起来的微电子、电子计算机、遥感、遥测、遥控、自动化、雷达、无线电、红外线、激光、超低温、超高温、超真空等高技术，以及冶金、化工、机械、电子视听声像、信息传递等许多工业生产手段，因而是现代高技术的密集点和结晶体。正是由于现代航天技术的高度发展和不断提高，为后来的深空探测、月球卫星等的实施带来了巨大的科学、技术与经济的效益，如1998 年发射的“月球勘探者号”环月探测器不但在探测的精度上大大提高，在费用上更是大幅度减少(图 4–8)。

“阿波罗计划”对民用技术的促进更是范围极为广泛。例如，基于航天技术而开发出一种新型的耐腐蚀材料；1984 年在航天飞机上生产了一种用于电子显微镜、微过滤器的聚苯乙烯乳胶小球；美国一家公司仅 1990 年就在天上生产了 40 千克优质砷化镓(GaAs，每千克价值达 100 万美元)；1992 年在航天飞机上的“国际微重力

图 4–8 “月球勘探者号”环月探测器

实验室”中，碲化镉(CdTe)衬底外延生长碲化镉汞(HgCdTe)晶体首次实验成功；在“阿波罗号”登月计划中，IBM 计算机被大量使用，极大地推动了 IBM 公司的发展，从 20 世纪 50 年代至 80 年代初期，世界计算机发展的历史经历了大型和小型计算机阶段，IBM 在此期间一直处于坚如磐石的霸主地位；医学技术如心脏监控器中的电器小型化是源于阿波罗计划的，而简易 X 射线仪更是基于美国国家宇航局的图像增强技术而开发的；我们还知道潜通路分析技术无论在航天器还是在民用飞机上都起着巨大作用，事实上，这种技术就是 20 世纪 70 年代初执行“阿波罗计划”的潜在分析任务时发现、发展并逐步完善的。

可以说，上述这些效益都是直接或间接来自“阿波罗计划”采用的技术。据不完全统计，从“阿波罗计划”派生出了大约 3000 种应用技术“成果”。在登月后的短短几年内，这些应用技术就取得了巨大的效益——在登月计划中每投入 1 美元就可获得 4~5 美元的产出。

月球是研究天文学、空间科学、地球科学、遥科学、生命科学与材料科学的理想场所。开展月球探测必将带动一系列基础科学的创新和发展。月球探测有助于人类对月球、地球和太阳系起源与演化的研究，特别是对月球科学中的一些基本问题，如月球的形成过程，月球的早期演化史，月球矿产的形成与分布特征，地月系统(图 4-9)的形成与演化，月球与地球及类地行星的比较研究，它们各自的共性与特性等。月球科学的一些基本问题，只有通过新一轮的探测，才能获得较系统而深入的认识。

月球上特有的矿产和能源，是对地球资源的重要补充和储备，将对人类社会的可持续发展产生深远影响。月球探测卫星将获取月球表面三维影像图，绘制有开发利用价值的元素分布图，圈定其富集区，为月球的开发利用和月球村的选址提供不可缺少的基础数据。月球表面可获得极其丰富的太阳能，许多国家对月表太阳能的开发利用作了较为系统的研究。开发与利用月表的太阳能，不仅对月球基地的运转至关重要,而且转化为电能还可以向地球传输。月壤中的氦3资源是人类未来可长期使用的清洁、高效、安全而廉价的新型核聚变燃料,并将改变人类社会的能源结构,对人类社会的可持续发展产生深远影响。月海玄武岩蕴藏着大量高品位的钛铁矿(图4–10),它是铁、钛的来源,也是在月球上生产氧气的有效原料。以钛铁矿为原料,用还原法生产氧,对维持月球上的生命和火箭推进器所需的液氧具有重大意义,同时可获得钛、铁金属。氧又可以与氢合成水,这是人类未来在月球上生存及开发培植绿色植物的重要基础。中国参与月球能源与资源的开发利用,将为人类社会的可持续发展作出积极的贡献。

1984年联合国通过了《指导各国在月球和其他天体上活动的协定》(简称《月球协定》)。当前,建立月球基地,开发和利用月球日益受到各空间国家的重视。在这种情况下,如何保证履行《月球协定》规定的权利、义务及有关月球开发利用的权益分享,也引起包括“非月球国家”在内的联合国成员国的重视,并列入了联合国外层空间委员会的议题。当今,实力政策、先登月

月球基本数据
直径3476千米, 相当于地球直径的27%;
质量7.35×10^{25}千克, 约为地球质量的1/81;
体积仅为地球体积的1/49;
表面积约3800万平方千米, 约为地球表面积的1/14;
平均密度为3.34克/厘米^3, 比地球的平均密度(5.52克/厘米^3)小得多;
月球重力加速度只有地球的1/6;
逃逸速度为2.38千米/秒, 比地球逃逸速度(11.2千米/秒)小得多。

图4–9 地月系统

先得益，仍然是难以改变的客观事实。中国是外层空间委员会的成员国，中国如能开展月球探测活动，并能取得一些进展和成果，那么在国际论坛上对于履行开发月球和权益的分享就将拥有更大的发言权。

开展月球探测与发展人造地球卫星、载人航天相比，具有很强的探索性、开放性和全球性，国际合作的范围极其广泛，如频繁的国际学术讨论会、有效载荷的研制与测试、探测数据的分析与研究等。通过国际合作，利用这个窗口，学习国外的先进技术，甚至共同合作，可以促进中国航天工业和月球/行星科学研究的发展。

中国开展月球探测，取得自己的成果，不仅为参与国际航天学术交流创造了条件，而且为中国进入外层空间和分享月球开发权益取得了事实上的进展。

当前，正值国际上重返月球计划全面开展之初，中国启动月球探测工程，正是发挥"后发优势"，实现"起步晚、起点高、迎头赶上"的难得时机。

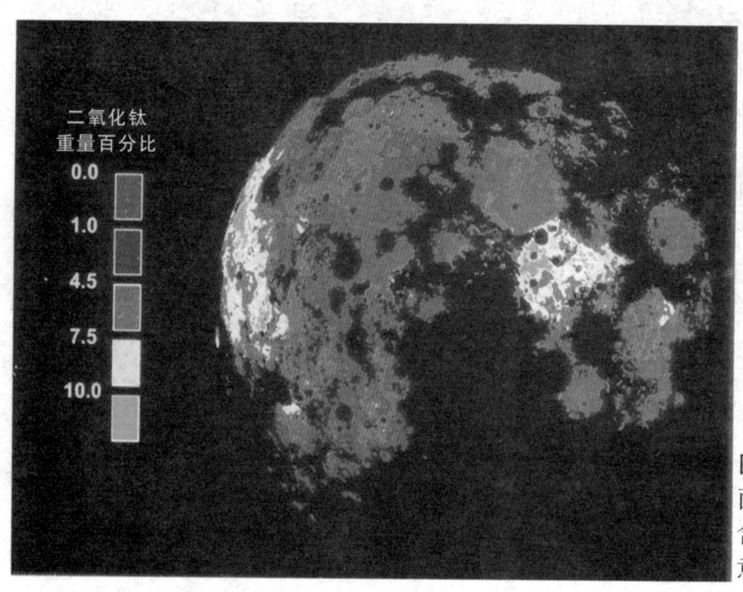

图 4-10 月面上钛资源含量分布示意图

人们总是崇敬和怀念在认识自然、改造自然中对人类有杰出贡献的先辈们。那么,我们又能为自己的后代做点什么、留点什么呢?

今天,机会成熟了:月球,作为人类待开发的一块“新的疆土”,等待着我们去探测、去开发、去利用。面对这样的挑战,我们如果不去接受这个挑战,如果失去这样一个新的疆土,其损失将不是言语所能表达的。

如果说,我们的前辈们为我们创造了今天美好的航天基础,那么,今天的我们同样应责无旁贷地为自己的后代开创一个航天新时代而努力,而月球的探测、开发与利用,无疑是开创航天新时代的一个最佳生长点。

如果说,嫦娥奔月是中华民族几千年来的向往和梦想,那么,今日开展月球探测活动就是为实现昔日梦想而进行的最明智的决策。

中国虽然在空间科学、空间技术和空间应用三大领域上还落后、甚至远远落后于美国等先进国家,但经过了近50年发展并逐渐壮大起来的今日之中国已经具备了开展月球探测的基本条件和能力。适时、适度开展以月球探测为主的深空探测活动就既是中国空间科学发展的需求,也是空间技术腾飞的必然选择,更应该是中国科技事业持续发展,有所作为、有所创新的既定国策。

“把握机遇,迎接挑战”,这就是我们的选择,更是时代的呼唤、历史所赋予我们的职责!

嫦娥方略分步实施

对未知世界的探索是人类发展的永恒动力,对茫茫宇宙的探测则是人类拓展生存空间的必由之路。

中国在综合分析国际上月球探测已取得的成果以及世界各国“重返月球”的战略目标和实施计划的基础上,考虑到国家科学技术水平、综合国力和国家整体发展战略,提出了到2020年以前将实施对月球的科学探测工程。该工程被命名为“嫦娥工程”,整个工程分为“绕、落、回”三个不载人探测月球的发展阶段。

绕：环月探测阶段

我国月球探测一期工程是为了实施我国月球探测第一阶段发展计划，研制和发射第一个月球探测器——“嫦娥一号”月球探测卫星（图 4-11），计划环绕月球运行一年，就月球的地貌地形、物质成分、月壤特性和日-地-月空间环境等进行全球性、整体性与综合性的科学探测。该工程将在确保成功的前提下，从总体上体现中国特色和技术进步，完成以下五项基本任务：

- 突破月球探测基本技术；
- 研制和发射我国第一个月球探测器——月球探测卫星；
- 首次开展月球科学探测；
- 初步构建月球探测卫星航天工程系统；
- 为月球探测后续工程积累经验。

目前，嫦娥一期工程的研制与建设工作已基本完成，并已进入

图 4-11 月球探测卫星“嫦娥一号”飞行路线示意图

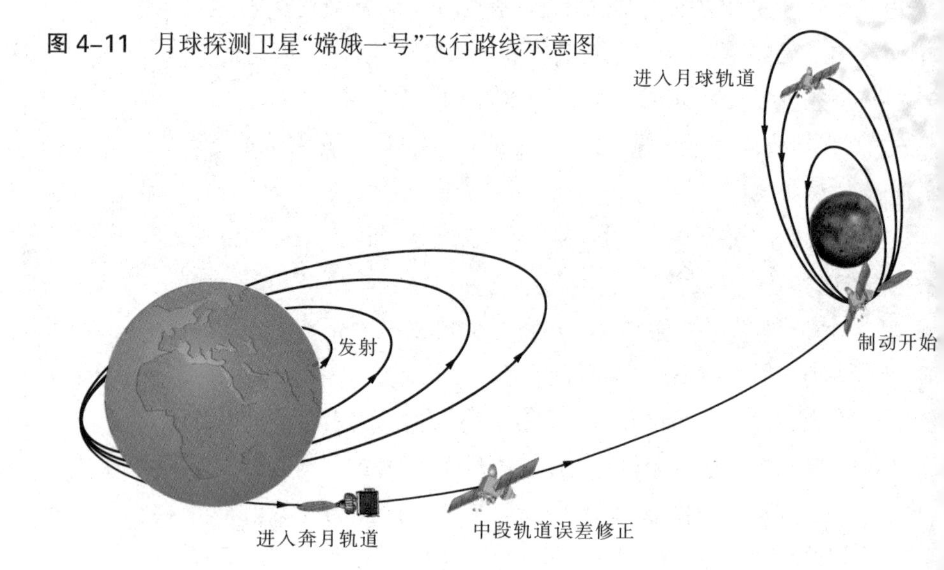

发射的倒计时阶段,将于2007年内按时发射。

落:月面软着陆探测与月面巡视勘察阶段

总体目标:嫦娥二期工程既是一期工程的延伸与拓展,也是一期工程的深化与跨越,更是三期工程的必要基础,具有承上启下的重要作用。它以突破月球探测相关技术并获取高精度的科学探测数据为目的,掌握开展深空探测所需的一系列关键技术,推动对月球科学研究的进一步深化,获得一批自主创新的月球科研成果,建立起较为完整配套的深空探测研究、设计、生产、试验和应用体系,培养并“沉淀”出一支高素质的人才队伍,为进一步的深空探测科学研究和航天活动奠定坚实的技术、物质和人才基础,带动相关产业发展并促进科学技术进步。

基本任务:发射月球软着陆器,试验月球软着陆技术和过夜技术;研制和发射月面巡视车、自动机器人;精细探测着陆区和巡视区的地形地貌与地质构造、就位分析其物质成分及其分布规律、测量着陆区物理力学特征、获取日地月空间环境参数,为未来月球基地的选址提供月面环境、地形、月岩的化学与物理性质等数据。

目前,嫦娥二期工程的总体方案已有了初步构想,综合立项论证工作也正在紧密锣鼓地进行之中, 预计将在2015年前后完成嫦娥二期工程任务。

回:月面巡视勘察与取样返回阶段

总体规划: 嫦娥三期工程是在二期工程基础上的一个腾飞,更是后续载人登月工程的一个起点, 同样具有承上启下的关键作用。它以突破在月面上采集样品技术、返回舱返回地球技术以及开展相关科学探测、采集并返回样品等为总目标,对着陆地区进行考察,为下一步载人登月、建立月球前哨站的选址提供数据和科学、技术、人才与设施的基础,并深化对地月系统起源与演化的认识。

基本内涵：研制、发射月球软着陆器和返回舱一体化设计的探测系统；研制月球样品采集设备、实验采集技术，采集关键性样品并返回地球，开展系统的测试、分析与研究工作；发展新型月球巡视车，进行月面巡视勘察、就位分析。

目前，嫦娥三期工程科学目标的概念性研究已基本结束，其分析、研究和论证工作也早已开始，具体的科学探测任务也进行了初步的优选并已开始总体技术方案的探讨性研究工作（图 4-12）；预计将在 2015 年前后开始实施。

后续之路前景光明

在完成整个"嫦娥工程"任务后，中国将如何进一步开展月球的后续探测工程？特别是开展载人登月探测活动，以及月球基地建设方案等工作，目前虽然尚未进入实质性的运作阶段，尚未纳入国家主管部门的议事日程，但许多专家已经自发地开始了此项工作的思

图 4-12 嫦娥三期工程返回舱返回地球的飞行路线初步构想示意图：①返回舱点火瞬间，②离开月面瞬间，③进入月球轨道的上升过程，④进入月球轨道绕月飞行，⑤进入地球轨道准备降落，⑥向地面降落过程

考和预先性的调查研究。

随着不载人月球探测任务——即“探”这一阶段任务的完成,中国将会根据当时国际月球探测的状况以及自身的综合国力,来拟定载人登月的战略目标和发展规划，并择机实施载人登月探测活动——即“登”这个阶段的发展规划。更进一步,中国还将与有关国家共建月球基地，甚至独立建设月球基地或前哨站（图 4-13)“住(驻)”这个阶段的发展规划,已不再是古人的“嫦娥奔月”之梦,而将是一件实实在在、并不遥远的事情了。

图 4-13 月球基地畅想图

第五章 嫦娥工程的科学论证

如果说，2000年国务院新闻办公室发表的《中国的航天》政府“白皮书”中宣布“开展以月球探测为主的深空探测的预先研究”作为国家航天近期发展的目标之一，是在对中国空间科学与航天技术预先性研究的基础上，以及分析国际深空探测特别是月球探测发展趋势的基础上作出的一项重要的战略性决策，那么，2002年10月，时任国务院总理的朱镕基作出“月球探测卫星工程应提上议事日程”的重要指示则是对“白皮书”中“开展以月球探测为主的深空探测的预先研究”的进一步肯定。

2003年2月28日，在国防科学技术工业委员会召开的“月球探测工程预发展”会议上，正式宣布了“月球探测工程进入预发展阶段”，并任命栾恩杰、孙家栋和欧阳自远三人领导负责月球探测工程预发展阶段的相关事务工作。2003年4月下达“月球探测工程关键技术攻关作为重大背景型号预研项目开展、月球探测工程进入工程立项前的攻关阶段”的决定，正式对外宣布启动“月球探测工程的预先研究”。如果说，这一系列重大决策是对中国月球探测一期工程综合论证结果的充分肯定，表明了中国开展月球探测工程的坚定信心，那么，2004年1月23日温家宝总理正式签发、批准中国月球探测一期工程——“绕月探测工程”的立项，则标志着“嫦娥方略”实施的真正开始。

那么，中国的“嫦娥计划”是在什么样的原则下开展预见性分析与预先性研究的呢？又是在什么样的前提下被确定下来的呢？具体的嫦娥方略又是怎样的呢？

科学规划原则先行

经过月球探测活动的第一次高潮期、后阿波罗时代的深思以及重返月球计划的制定和启动,月球探测又成了21世纪前20年国际深空探测的主旋律。但与第一次月球探测高潮期不同的是,重返月球探测的主要特点体现在:实现“又快、又好、又省”的探测总方针;建立月球基地、开发利用月球资源、解决重大月球科学难题、为人类社会可持续发展服务的探测总指导思想;目标更明确、规模更宏大、参与国家更多的发展总趋势。

联合国于1984年通过的《月球协定》主要内容有:“月球及其他天体的利用,应用于和平目的和全人类的福利。在月球上禁止建立军事基地、军事装备及防御工事,禁止试验任何类型的武器及举行军事演习;月球不得由任何国家以任何方式占为己有,月球及其他天体的自然资源为全人类的共同财产,缔约各国有权在平等的基础上探索和利用月球;所有缔约国应该公平分享月球的资源利益,并对发展中国家及对探索月球作出贡献的国家给予特别照顾。”

《月球协定》虽然清楚地告诉我们:月球不属于任何国家,但谁先利用、谁先获益却是目前国际月球事务中一个不争的事实!也正因为如此,21世纪的国际月球探测,在合作的另一面,存在着激烈的竞争和先行占有的趋势。

正如本书前面所述的那样,目前国际各空间大国在月球探测方面的大政方略都已出台、启动和实施。那么,作为中国月球探测工程的源头——科学目标的制定应该坚持什么样的原则,其科学性、前瞻性、创新性与特色性又应该如何与国家实际的工程技术能力密切结合呢?在实际的操作中,又将怎样考虑科学和技术的循序渐进与动态发展呢?在科学目标的基础上,我们又应该在什么样的指导原则下制定出实现科学目标的具体探测计划呢?

月球探测当然是以探测月球为主要目标的活动。但是,我们不难从 2004 年 1 月 14 日美国总统宣布的“美国新太空政策”中看出一个重要意图(图 5-1)——“探测月球、建立月球基地并以其为平台,向深空发展”,在分析、研究、论证并制定中国月球探测工程的科学目标时,我们也应该考虑除探测月球本身的科学问题以外,以发展的眼光,在可能的条件下,借助相关平台,发展月球以外的观测和探测目标。

我们知道,对于探测太阳系中任何一个天体来说,空间环境、地形地貌、物质成分和内部结构是最为基本也是最为重要的因素,是揭示这些天体的成因与演化等科学难题的四大科学内涵。因此,在分析、开展月球探测的科学任务时,我们同样也应该从这四大科学内涵出发,分析、研究、论证并凝练出适宜中国月球探测工程的科学目标。但问题是,这四大科学内涵所包含的众多具体内容、具体科学探测任务中,应该选择什么样的原则来判别其是否可行、合理、先进、有特色呢?在实现这些科学目标中,又应该以什么样的原则实现循序渐进、逐步发展的目的呢?

正如“嫦娥工程”首席科学家欧阳自远院士以及他领导下的研究团队在开展中国月球探测科学目标的预先性研究时所说、所做的

图 5-1 2004 年布什总统宣布美国的新太空政策

那样，中国月球探测应该从有所作为、有所不为的战略出发来规划制定。科学目标的论证应该在对解决月球科学难题上有所作为，对月球科学研究上有所突破，对后续科学探测计划有所贡献上着力思考。在论证时，我们首先应该考虑它的科学性、创新性、特色性和可行性，以最优的组合和实现科学探测内涵的最大化为目的，提出既符合中国实际技术能力与水平，又能体现月球科学的最迫切需求的有特色的科学目标。

图 5–2 月球背面形貌

事实上，在科学目标的调研、分析、研究与论证的整个过程中，中国的科学家们始终是坚持这样的原则来开展工作的。

科学性与应用性原则

科学性是在科学目标的论证与优选中必须首先考虑的最基本的原则。就月球探测而言，判断所提出的科学目标是否具有科学性，应从以下两个方面加以判别：

一是所提出的科学目标应遵循月球自身的自然现象、自然规律和自然法则，其具体的科学内容应该是月球本身客观存在的、具体的“实体”，而不能主观或随意提出一些不切合实际或就月球而言根本不存在的内涵。如依托月球的地形地貌(图 5–2)这一具体实体的探测,分析其地形地貌特征、地质构造特征,进而研究其形成与演化的机制、规律和历史。

二是所提出的科学目标在内涵上应该是"最大"的、在"质量"上应该是"最优"的。也就是说,所提出的科学探测任务应该瞄准月球科学难题中具有焦点性、重大性和关键性的科学内容,能对月球科学理论作出较大贡献的科学内涵;同时在一定条件下,应该考虑所探测的科学任务在内容上实现"最优化"、在科学信息获取上实现"最佳化"、在预期成果上实现"最大化"。这就要求中国的科学家们在分析、研究与论证时,首先应该在全面深入调查、分析国际月球探测的历程和发展规划的基础上,总结、归纳出已开展或将要开展的月球探测活动中的科学目标所具有的科学意义、科学内涵、科学作用以及它们之间的递进关系,以提出科学目标之时的最新研究成果为"零点",探讨所提出的科学目标在内容上的最"大"化和最"优"化,从而实现科学产出在广度与深度上的有机统一。

探索太阳系的奥秘,归根结底是服务于人类。探测月球的最终目的同样是开发与利用月球、为人类的可持续发展服务。因此,在分析、论证科学探测内涵时,一些应用性的科学探测任务也是必须考虑的重要因素。

一方面,从资源的开发利用的目的出发,必须进行的一项科学探测内容就是月球资源的探究,为将来的开发利用做一些先行性的探测与研究。这里所说的资源应该是广义的,它不但包括月球物质中存在的能源资源(图 5-3)、矿产资源等,也包括月球因其独特空间位置和固有特性(如引力场和稳定地质构造)而演绎的外延性资源。例如,利用月球几乎没有大气层和白天长达 14 个地球日的特点开发利用太阳能,利用月球引力场较小等特点作为人类进军火星等的中转站的空间位置资源,利用月球稳定的地质构造和较小的引力场研制一些在地球上无法研制的材料的"天然实验室"资源,利用月球与地球之间的距离等因素在月球上对地球环境进行大视场长期

图 5–3 月壤中存有丰富的能源资源“氦 3”

性观测与监测的距离资源，等等。无论是前者还是后者，除了有科学的含义外，或多或少都有其应用性（当然是从长远的角度上看）的含义。

另一方面，从技术的试验与应用的目的出发，一些应用性的科学内容也同样将被纳入探测对象的论证之中。例如，为月球基地的选址提供科学依据而进行的相关科学探测任务等。

前瞻性与创新性原则

18世纪的英国政治家、外交家及文学家切斯特菲尔德伯爵(4th Earl of Chesterfield)在其名著《一生的教诲》中写道：“我们通过阅读了解他人的思想，但是如果我们直接相信这些思想，而不用自己的头脑来加以检验和比较的话，就好比吃别人的残羹剩饭或倒卖他人的货物。了解他人的思想是有益处的，因为那样可以启发我们的思想,也有助于我们形成自已的判断。"

"嫦娥工程"是一项科学的系统工程,是一项希望在空间技术方面实现重大突破、在科学研究方面实现重大发现或丰厚产出的国家标志性工程。如果我们不好好解读国际月球探测的过去、现在与将来,不好好体会未来国际月球探测活动的走向、目的和前景,不好好对美国等空间大国在月球探测项目中所优选、确定的科学目标多问几个为什么,或被动或盲从或模仿或重复过去之美国、苏联或今日之美国、欧洲、日本的月球探测活动的路子、模式、方案、目标,而不力求去探寻、考究并进而为"嫦娥工程"提出在内涵上有意义、方式上有特色、技术上有突破、成果上有创新的科学设想,那与"吃别人的残羹剩饭"又有何区别呢?我们又将如何面对国内外众多科学家的质疑、如何直面全国的纳税人呢?

但是,这里所说的前瞻性和创新性,并不意味着要求所有的科学目标或每个具体科学探测内容都必须是最好的、前瞻的、创新的。这是因为,"嫦娥工程"并不是"一锤子"的买卖,而是既有"绕、落、回"三阶段中的"探阶段"计划,也有更长远的"登阶段"、"住(驻)阶段"的发展性的战略设想。为了实现技术上的循序渐进和科学内涵的逐步深入,在探测内容上除考虑科学上的前瞻性和创新性外,还

图 5-4 月面上一个区域的月海玄武岩

必须选择一些对现有技术有指导性作用、对后续工程发展有重要参考意义的科学探测任务。例如，地形地貌的探测任务，其科学内涵的确并无太多的前瞻性、创新性，但它却是任何月球探测工程中必不可少的探测内容，同时它在技术上的指导作用相当重要，更是后续工程的发展规划(如着陆点的选择、月球基地的选址等)所不可或缺的内容。当然，在考虑“地形地貌”这一科学目标时，一方面从循序渐进的角度，就“绕、落、回”而言，首先考虑了从全球性、综合性、表层性的探测出发，向区域性(图 5–4)、精确性、内部浅层性发展，实现“点、面、内部”探测的科学设想；另一方面，在具体的科学探测任务上，应该系统分析、深入研究、充分挖掘其更“深层次”的科学内涵和科学意义，从而实现在深层次研究方面的创新。如在探测精度、探测方法、探测手段方面实现科学产出、技术产出、方法产出的创新性。

可行性与发展性原则

“科学目标就是在技术可操作下的科学设想”，这是以欧阳自远院士为首的科学家们在经过近 10 年科学论证中所得的关于科学目标的概念。这就意味着，就每一个科学探测任务而言，都必须在充分调研、对比并确定其实现手段——科学探测仪器的基础上，根据探测任务的精度等方面的需求，开展航天技术的需求分析与可行性研究。只有这样，所提出的探测科学内涵设想在实际工程任务中才会被接纳、被采用，进而成为工程项目的科学目标。

由于整个“嫦娥工程”时间跨度较长，因此在充分考虑现有技术水平和能力的基础上，即所谓利用现有成熟技术的前提下，还应从技术发展的眼光和科学需求的角度，系统而深入地分析、研究、论证并提出与实现更高要求的科学探测任务相适应的技术攻关需求。例如，在科学家的理念中，当然希望探测的覆盖范围更广、涉及内容更多更深，这就要求所搭载的科学仪器更多，而目前我国科学仪器的研制水平以及在轻小型方面又远落后于美国等先进国家，因而必然会遇到在重量、功率等方面远远超出我国火箭运载能力和卫星研制实际能力的难题。同样,在论证中还发现,科学家要求达到的探测技术、探测水平的高精度指标,实际上无论是科学仪器的探测能力还是测控能力都无法达到。因此,在现实与理想之间的矛盾上,中国的科学家与工程师们就必须作出抉择:一方面在充分利用成熟、可靠技术的条件下,大胆攻关,最大程度地满足科学探测精度的需求(如高分辨率的地形地貌图,图5-5);另一方面,以发展的思维,实施科学探测任务的循序渐进式的合理安排,并根据技术的新进展,对科学探测任务作出相应的调整,从而实现科学目标、任务目标与技术目标之间的动态协调和有机平衡。

发展性的另一层含义就是,月球探测作为中国空间科学与航天技术向深空发展的重要起步、里程碑和战略决策,在设计科学目标时应该认真思考逐步深入、有机衔接、持续发展的基本原则。也就是说,科学目标的设计首先应该从整体性、全球性和综合性的探测目的着手,在此基础上进行区域性、针对性和关键性的探测,进而在条件容许时实现转移性——即采集样品返回地球,开展实验室条件下的精密和精细的测试、分析与研究。

图5-5 “阿波罗15号”着陆区域的地形地貌

系统性与特色性原则

开展月球探测工程是中国深空探测的基本战略决策,对月球的探测与研究应该有一套完整的规划。作为这一完整计划的重要内容和源头的科学目标,同样应该统筹规划、逐步深入。我们应以系统论的思维为指导、以方法论的方式来进行,将月球作为一个"系统"加以探测和研究。月球又是太阳系大家族的成员之一,在太阳系各天体之间既有共性也有特性,因此,在探测与研究共性方面的关键科学问题的同时,必须考虑并开展其特性的探测研究。中国的科学家始终坚持"以月球本身探测为主线,以形貌、成分、内部结构为重点,以揭示成因、演化等重大月球科学难题为目标,充分利用探测平台开展空间环境探测和空间天文观测"(图 5–6),以此作为分析、研究与论证"嫦娥工程"科学目标的原则之一。

需要说明的是,此处的特色性探测与研究有两方面的含义:一

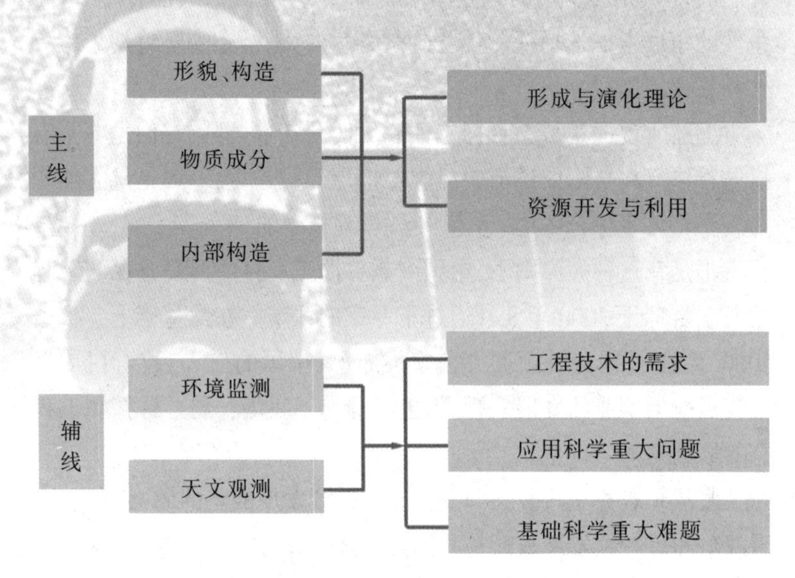

图 5–6　"嫦娥工程"基本科学探测任务的关系示意图

是有别于太阳系其他天体的月球的特殊科学问题,二是就中国开展月球探测而言,应该在充分论证的基础上,开展一些其他国家目前还没有开展的有特色的关键科学问题的探索与研究。正如首席科学家欧阳自远院士经常对其研究团组成员所说的:"懂得站在巨人身上做事的人,才有可能把事情真正做好。"一些有特色性的科学探测目标也是中国科学家们在论证和优选"嫦娥工程"科学目标时特别关注和注重的。毕竟,月球探测工程是一项复杂的系统化大工程,其耗资的巨大是可以想象的,我们的月球探测工程不可能、更没有必要把美国、苏联已经做过并已证实的许多探测内容都再做一遍。例如,月壤的承受能力等一些月面物质的物理力学性能,就 20 世纪 60 年代的美国和苏联而言是第一次探测,特别对月球着陆器和月球车来说,查明月球表面的松软等情况不但在科学上有重要的意义,而且在工程上更是必不可少的任务。但对于今日的月球探测来说,这一类内涵的探测与研究相对而言就显得没有那么重要了。因此,在有所为、有所不为以及有限目标、重点突破的大前提下,从特色性的角度考虑选择探测任务既是必然的、也是必须坚持的思维方式和工作原则。

上述所说的是科学目标论证时的四项基本原则,它们是一个有机的整体。在实际的论证中经常会出现一些矛盾,一般是把它们作为一个整体来综合考虑、适当平衡、合理规划的。

正是在这种大原则下,中国嫦娥一期工程——即绕月探测工程的科学目标于 2000 年 8 月通过了专家的评审。在此基础上,根据 2000 年 11 月国务院新闻办公室发布的《中国的航天》政府白皮书中我国航天事业的发展宗旨,提出并确定了我国开展月球探测工程总的原则是:

服从和服务于科教兴国战略和可持续发展战略的原则。科教兴国战略和可持续发展战略是我国社会经济发展的两大战略,开展月球探测工程应服从和服务于这两个战略,以满足科学、技术、政治、经济和社会发展的综合需求为目的，把推进科学技术进步的需求放在首位，力求发挥更大的作用。

根据国情国力，选择有限目标、重点突破的原则。月球探测具有科学性、探索性的显著特点，开展月球探测工程要坚决贯彻“有所为、有所不为”的方针，在发展目标的选择上，更应注意有限目标，突出重点，集中力量，在关键领域取得突破。

坚持起步晚、起点高、形成特色、有所创新的原则。中国月球探测工程虽然起步晚，但是可以发挥“后发优势”，利用国外已有的探测成果，借鉴国际上月球探测工程的经验和教训，优选探测目标，力求高起点进入国际主潮流，有一定的先进性和创新性，在填补月球探测空白中形成自己的特色，在国际月球探测中占有自己的一席之地。

在求实创新的基础上，实施中国的月球探测策略：充分利用我国在开展人造卫星工程、载人航天工程和空间科学研究等方面创造的条件和取得的成果，加强系统设计创新和必要的技术攻关，在求实创新的基础上，实施“又快、又好、又省”的发展策略，探索更加经济、更加高效的月球探测工程发展道路。

统筹规划、远近结合、循序渐进、持续发展。中国开展月球探测工程既要制定长远发展规划，更要做好近期发展计划，采取短期目标与长远目标相结合，单一任务与综合性计划相结合，循序渐进与分阶段发展相结合，各阶段互相有机衔接的发展策略，以实现持续、协调的发展。

在独立自主、自主创新的基础上，大力开展国际交流与合作。月球探测具有开展国际交流与合作的有利环境和条件，积极探索多层次、多渠道的国际交流与合作，从学术交流、小项目合作和民间合作起步，由小到大，由共同研究到合作研制，由民间到政府，逐步扩大合作规模，提高合作层次。

科学设想知而获智

在确定中国开展月球探测的基本原则后,接下来要做的第一件事就是要设计或制定出“做什么”。简言之,就是首先要提出科学目标,以作为整个工程需求的源头和牵引。在航天系统科学探测工程的理念中,科学的需求是整个工程的源头,但需求的科学并不就是工程抉择的全部。一方面,科学目标首先必须具有较高的科学性和应用性,只有在通盘吃透国际大环境下月球探测计划的科学内涵、焦点以及月球科学中应解决的重大科学难题和应用问题,才能判明并提出具有科学和应用需求的探测任务。另一方面,从科学的继承性考虑,在设计探测任务时既必须考虑我们自己的特色性和创新性,又不能忽略国际月球探测的快速发展以及整个“嫦娥工程”时间跨度较长的事实,因此,所设计的总体科学目标必须具备动态可变性和拓展性。最后,我们还必须认识到,再好的科学设想,如果在技术上无法做到,充其量也还只是一个设想。这就意味着,所提出的科学探测任务必须与国家的实际航天技术能力和经济承受力高度融合,纳入一个可操作的大框架,并具有动态发展的合理性,这样的科学设想才可能被采纳,一个具体化的科学探测计划才可能真正浮出

图 5–7 科研人员和技术人员认真讨论的一个场面

水面，得到国家批准并进而真正落实与实施。这些工作非纯粹的基础科学家所能包揽，必须有工程技术专家的全面参与才能做到(图 5-7)。

那么，在设计我国月球探测工程科学目标的进程中，中国的专家们又是如何想、如何做的呢？最终被采纳的科学目标又是怎样的呢？是否同时具备科学性与前瞻性、创新性与发展性、以及技术可操作性呢？

在明确“做什么”之后，接下来就是“如何做”的问题了。简而言之，就是总体技术方案的论证、设计与确定。这在实际操作中是与科学目标的论证同时或部分同时进行的，因为在论证、设计并确定科学目标的技术可操作性的同时，很大一部分技术方案或架构实际上已经形成了。问题是，单纯从技术方案角度上考虑时，当某一科学探测任务的精度需求对支撑技术的要求偏高，从而需要该项技术全面攻关时该如何抉择呢？与此同时，人们还应该清楚，通过“嫦娥工程”的实施，在完成既定科学目标的同时，还有另一个同样重要或者说更为核心的目标，即工程的技术目标，那就是发展中国的航天技术和其他相关的高新技术。这样，自然就出现两个方面的分歧：一方面，为确保工程的成功，利用成熟技术的方案就成为工程技术专家们的首选；另一方面，为谋求技术的发展，如何选用新技术的问题又摆到了工程技术专家们的面前。

那么，在中国月球探测工程的技术方案论证中，我们的工程技术专家们又是如何凭借其才智与汗水、智谋与胆略来缝合“利用成熟技术”与“起用新技术”这一矛盾体的呢？最终又是缘于什么而作出决策的呢？

科学预见原创思维

20 世纪 80 年代中期后，在科学技术领域，一种全新的理念浮出水面，受到学术界和决策者的高度关注，并逐步取代了过去的技术预测。这一理念，就是今日被许多国家、组织、团体或集团广泛应用并已成为世界潮流的科学技术预见。

科学与技术预见(图 5-8)，是对科学、技术、经济、环境和社会远期未来的有步骤的探索过程，其目的是选定可能产生最大科学、技术、经济与社会效益的战略研究领域和通用新技术，其基本假设和基本方式包括以下四个方面：

第一，科学技术发展和社会发展相互作用决定了科学技术发展轨迹；

第二，未来存在多种可能性，未来可以选择；

第三，预见是一个“塑造”或者“创造”未来的过程；

第四，预见研究=未来学+战略规划+政策分析。

按照这种基本假设和基本方式，开展预先性研究时应该——

首先，从不确定性出发，分析与探讨科学技术发展的可能性。也就是说，在科学与技术的众多不确定因素中，通过预见性的分析与研究，求解出能对科学技术的发展起到促进、发明或完善作用的可能性，进而凝练出战略需求(科学需求或技术需求或两者的综合发展需求)，从国家层面上说，即是国家预见。这一过程实际上也是知识的开发过程。

其次，在战略需求(国家预见)的基础上，从科学技术的可能性

图 5-8　科学技术预见剖面图

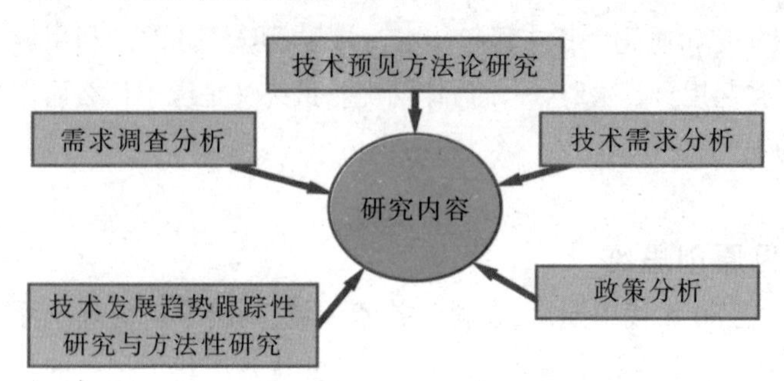

着手，分析、探讨科学与技术的现状、布局和支撑能力，从创新的角度分析、论证、形成可能的科学技术预见，进而修正和调整所提出的战略需求，从体现了科学与技术的预见性研究是一个不断修正和调整的动态过程。

再次，根据技术预见的分析结果，分析、探讨其可能产生的或科学、或技术、或经济、或社会影响等的最大效益，从深层次去分析并确定其社会的需求度，进而提出(国家)战略目标(图 5-9)，并通过战略目标的实施与完成，实现科学或技术的创造与发展。

可以看出：预见不但是一个知识开发的过程，也是一种不断修正和调整的过程，更是一个科学技术发明与创造的过程。

那么，就中国的探月决策而言，早期的预见性研究过程、方法、思路方面又是如何的呢？

在回答这一问题前，让我们先了解以下两个问题：一是月球的基础科学问题，如月球的起源与演化的问题；二是月球的应用科学问题，如月球土壤中的稀有气体特别是氦3资源的问题。在实际的预见性研究工作中，两者并没有绝对的界线，而是有很强的兼容性或交融性。例如，在谈到开展探测月球地形地貌的科学预见（科学的研究

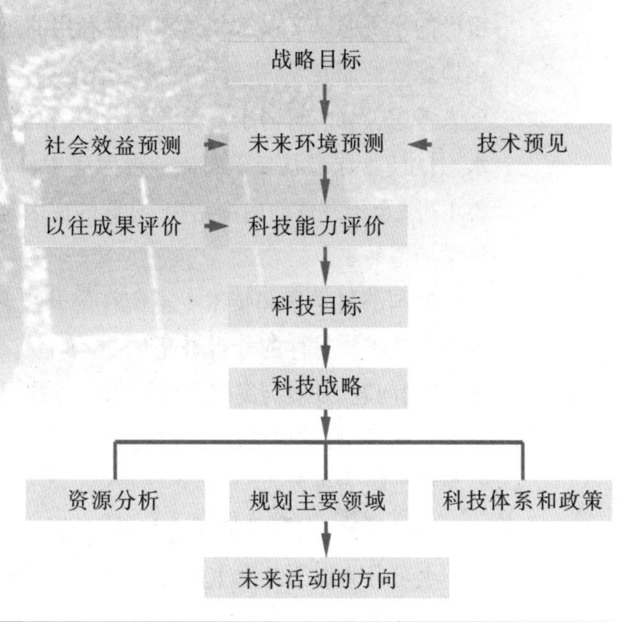

图 5-9　通过科学与技术的预见性研究确定战略行动方向的模式

意义)时,一方面,地形地貌是月球基础科学理论的重要内涵,蕴含着有关月球形成与演化的丰富的科学信息,从这点看,它当然属于基础科学理论的范畴;但从另一方面考虑,它也可隶属于应用科学的范畴。这是因为,我们探测月球的目的除了渴望更好地了解、诠释月球的形成、演化等重大基础科学难题外,更重要的一项任务就是开发利用月球,而要做到这一点,探测月球的地形地貌当然是最基本的一项任务了。事实上,本书第三章中已暗示了这一点,把明显偏向基础科学的问题、应用科学的问题以及在不同角度上考虑有不同偏向的科学问题进行轮廓性的划分和归类性的描述。如近月辐射环境、重力场、月球磁场、月球电离层、月表形貌等,从开展科学研究的角度看,当然属于基础科学问题,但从开发月球资源的工程技术要求上看,在某种意义上显然又是应用科学问题。尽管月球上的水、月壤、月球岩石与矿物属于重要的月球基础科学范畴,但当今的国际月球探测已经从纯科学探测转向科学与应用探测并重,而且根据目前的研究显示,月壤中的稀有气体资源、月岩中的矿产资源和月球极区的水资源已经是未来月球开发利用的焦点。前两类资源是为人类地球资源而开发,水资源则更多地是从未来月球基地水供应的角度来考虑,因此,将与水资源、能源资源和矿产资源相关的月球极区水、月壤、月球岩石与矿物成分视为应用科学问题来进行分析也未尝不可。至于月球的内部结构、月球的成因理论,当然属于月球基础科学的范畴了。

中国的科学家和技术专家们在为开展月球探测计划而进行的科学与技术预见性的分析研究时,实际上就是基于解决重大科学问题、应用问题、发展与突破关键技术的目的而进行的。当然,在这些研究工作中,科学预见性与技术预见性的互动性、交融性的分析、研究与论证极为重要。

总的说来,在预见性研究基础上"诞生"的一个科学规划、方案大体上可分为以下几个重要阶段或过程(图 5-10)。

阶段一 系统调研与综合的研究。在系统调研与综合分析国际上已有月球探测工程的探测方式、探测目标、探测数据、研究成果以及工程技术特点、参数、技术路线和方案的基础上,总结国际上相关探测和研究的现状、存在的问题以及重大的科学理论和观点,以目前国际计划中的月球探测为分析的基本出发点，同时适当分析、对比月球和其他行星等的深空探测科学计划,探讨国际未来月球探测的发展态势、水平和焦点,在此基础上,从假设的某期/次探测计划及其探测方式出发,去分析、探讨并最终提出该期/次探测计划所适宜解决的科学问题与应用问题,并进而据此开展一些先行性的科学

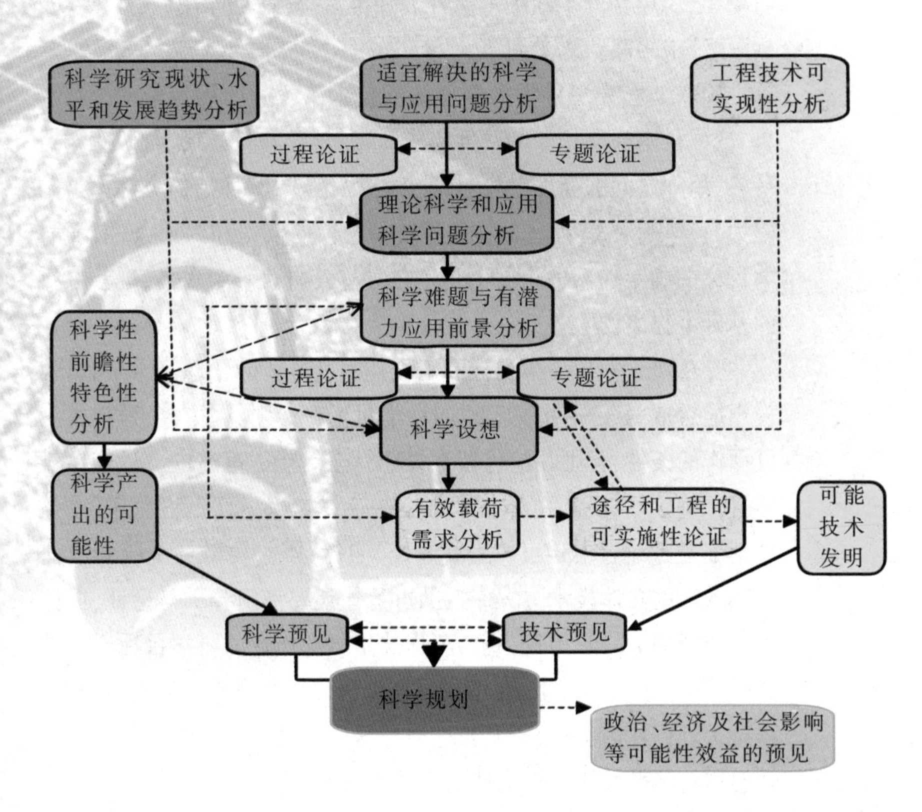

图 5-10 月球探测科学规划的预见性研究工作流程图

与技术攻关。

阶段二　专题性科学问题的分析与研究。空间环境、地形地貌、物质成分和内部结构的探测与研究，可以说是任何天体探测与研究的四大科学内涵，但就某期/次（如嫦娥一期、二期、三期工程）的探测而言，对这四大科学内涵中任何一个内涵的具体科学探测任务尚应进行深层次的研究和论证，分析可能取得的成果和突破点，进而提出可供选择的科学探测任务，即提出所谓的科学设想。这一阶段的工作量最大、持续的时间也最长，它实际上贯穿了整个工程从预见性研究、预先研究、工程综合论证、工程立项后实施过程的每一个时期，其所蕴含的实际细节内容极为丰富，读者当可在本书“科学目标”一节中领略和感受到。

阶段三　实现科学探测任务的技术手段的分析与论证。在分析、论证科学探测任务的精度需求时，科学家和科学仪器（即有效载荷）工程师之间的高度融合是确定整个科学探测计划的关键。这是因为，科学目标是确定有效载荷技术指标的依据和约束条件，而科学目标的确定在某种程度上正是在对有效载荷研制水平、现状分析的基础上提出的。

阶段四　实现科学目标的工程技术可行性论证。一个好的科学设想能否成为某一期/次工程的科学目标，必须具备在工程技术上可操作的条件，否则只能停留在设想乃至幻想的范畴内。尽管在科学目标确定后，工程总体技术方案——就嫦娥一期工程而言，主要包括卫星系统（图5-11）、运载系统、测控系统、发射场系统和地面应用系统的总体技术方案——的可行性还要专门分析与论证，但作为一个规划的科学预见，脱离工程技术可操作性的科学目标论证无疑是不现实的。事实上，在中国月球探测计划的预研究和论证中，工程技术可行性的分析、研究与论证过程一直是交融于科学目标和科学规划的预见性研究与论证之中的。

阶段五　提出科学设想。对所提出的科学探测任务，首先应该

图 5–11 “嫦娥一号”卫星示意图

经过其科学性、前瞻性和特色性的“拷问”，才能成为一个好的科学设想。这是因为，月球探测工程是一项重大的科学探测工程，所提出的科学探测任务必须以能解决重大科学问题和应用科学问题为前提，同时也能为后续工程提供重要的科学信息（诸如地形的平坦程度、月球表面土壤的松散情况、月球上的温度、辐射环境等）。因此，其科学性必须明确、其前瞻性应该突出，还应该考虑持续发展性以及科学与技术的应用性。只有这样，才有可能最终成为一个系列工程的科学目标。此外，任何国家或组织在确定科学探测计划时，特色性总是其考虑的重点，而在现今高度发达的信息时代，特色性分析、研究与论证是最为困难的，读者当可在本书“探测月壤厚度”一节中领略其“韵味”。

如果说，从对宇宙产生好奇与憧憬以及用迷惘的双眼窥视那广袤无垠的苍穹开始，去研究宇宙的本质、了解宇宙的结构、分析宇宙的变化、探索宇宙的开发，进而利用所积淀的知识去触摸宇宙的门槛,是任何一个科学家得以成功的必经之路,那么,集中国之科学精英的深厚底蕴勾画出独具特色的“嫦娥工程”科学目标,不正是印证了“成功之路不是在有处踩出来的,而是在无里开出来的”这一个谚语吗?

如果说,“轰轰烈烈的人生,离不开一点一滴的营造,构筑辉煌的大厦,全凭默默无闻的积累”印证了一个人在其人生道路上要取得成功所应具备的基本条件,那么,“嫦娥方略”的出台不也是当代中国科学精英们在经过“35 年的知识积累”和“10 年的科学论证”后,最终印证了“知而获智”这一格言吗?

科学功力厚积薄发

1957 年 10 月,苏联发射了人类历史上第一颗人造地球卫星。当时还是一名地质学专业研究生的欧阳自远,已敏锐地意识到:“人类的太空时代即将来临,30 年甚至 50 年以后的地质学,必然与探测太阳系的研究成果相联系。”他冷静地分析了当时地质学的研究状况后发现,地质学并不深究地球的起源和各圈层的形成演化过程,也不研究元素和元素丰度的起源及其在地球上不均匀分布的起因,更不理睬地球作为太阳系的一员与其他行星在演化上的共性与特性;一些局部的认识被无限制地扩展到全球,而缺少整体性、综合性的深刻理解。要加深对上述问题的理解,就必须“脱离”地球去研究地球,“跳”出地球,把地球当成太阳系中的一个成员,才能在太阳系的时空尺度上更清晰地研究与理解地球。空间科学的发展将使人类在更大的时空尺度上加深对地球的整体性认识,这是地球科学发展的新生长点。他深感要开拓这片科学的处女地,必须抓紧时机,着手准备,打好基础,开展前期研究。带着这一想法、这一深思、这一渴望,年轻的欧阳自远在完成自己专业论证的同时,开始“业余”涉足“深空”这一前沿性的研究课题。

1959 年 1 月,苏联发射人类第一个月球探测器——“月球 1

号”,吹响了人类进军月球的号角,同时也拉开了美苏两国以月球为“轴心”的空间争霸战的序幕,这时,20 岁出头的欧阳自远就大胆地向时任中国科学院地质研究所所长、我国著名地质学家侯德封院士陈述了自己的想法——“向空间拓展是人类发展的必然趋势，尽管我国目前既不可能有经济能力、更不可能有技术能力、科学储备来从事像月球探测这样庞大的系统工程,但开展对深空特别是月球探测的跟踪性研究和其他相关学科的研究,建立并储备相关方面的科学人才,却完全可以也应该从现在开始进行。”

这一大胆的动议很快就被侯德封老先生接受，经过酝酿与筹备,在“月球 1 号”探测器发射一年多后的 1960 年,中国科学院地质研究所同位素研究室建立了“天体化学与核子地球化学研究组”,开始对国际深空探测进行跟踪性的系统研究,年轻的欧阳自远被委任为该研究组的学科负责人。特别是 1966 年以后,根据国家的战略需求和中国科学院的调整要求,该研究团组的一部分骨干被调动至新建立的地处贵州省贵阳市的中国科学院地球化学研究所。为此,在该所又专门建立了天体化学研究室，欧阳自远被分配到该研究所,并领导研究团组,继续跟踪研究国际深空探测特别是月球探测的动态和成果,继续进行包括陨石学、天体化学、比较行星学的研究工作。从 2001 年开始,为了更好地组织、参与和完成我国月球探测工程的论证工作，该研究团组的主要骨干调至中国科学院国家天文台,并成立了月球与深空探测科学应用中心(图 5-12),进行全方位的研究与论证。

正是从上述的大胆动议到研究团组与实验室的建立,伴随着研究工作的逐步扩大,形成了一支在知识结构和年龄梯队上比较合理的、在人员数量上少而精的、在知识水平上又能与国际相同研究领域处于同一起跑线的研究队伍,为我国在陨石学、天体化学、比较行星学等领域的人才培养与储备起到了积极作用。这一研究队伍中的领头人欧阳自远院士成了“嫦娥工程”规划和科学目标的倡导者、制定者和参与者;这一研究队伍所拓展的人员也成了以欧阳自远院士为首的科学目标研究论证的核心骨干、成为中国“嫦娥工程”中的重要成员,为今日“嫦娥工程”的综合论证、立项启动、部分研制与建设作出了重要贡献。

也正是从国际深空探测,特别是太阳系行星及其卫星(尤其是月球)探测的跟踪性系统调研与综合分析开始,从系统研究陨石、宇宙尘、地外撞击事件及其古环境效应等着手,随着研究的不断深入,逐步构建与完善了中国的陨石学、天体化学、比较行星学等学科,在相关的研究领域积累了厚实的知识基础、取得了一系列卓著的成就,并使中国天体化学的研究水平由基础薄弱的状态跃居世界前列——

陨石学研究 尽管中国的陨石学研究始于20世纪60年代初,起步较晚,但在该领域已取得了巨大的成就,特别是通过对1976年3月8日15时降落的世界最大规模的陨石雨——吉林陨石雨的系统研究(图5–13),建立了吉林陨石形成演化过程的模式,为研究太阳星云凝聚过程提供了新依据;证实了吉林陨石具有两阶段暴露历史,提出并建立了具有两阶段暴露历史的石陨石的宇宙成因核素分布的标准模式;开辟了小天体的宇宙线照射历史的研究新领域;开

图5–12 中国科学院国家天文台——“嫦娥工程”地面应用系统总部所在地

图 5-13 1976年欧阳自远在现场讲解吉林陨石

展了吉林陨石中有机组分的系统研究，为有可能研究前生期有机物的化学演化和生命起源提供新信息。吉林陨石的全面、系统的综合性研究，使我国的陨石学研究一举跃入国际先进的行列。继吉林陨石之后，我国又对其他陨石，如湖北随县陨石、安徽亳县陨石、贵州清镇陨石、南极陨石等进行了系统而深入的研究，在陨石矿物学、球粒结构与成因、陨石形成环境等领域取得突破性进展，获得了国际陨石界的高度评价。

宇宙尘研究　除了在行星际空间运行的宇宙尘外，我国还比较系统地收集了大气层内沉降的宇宙尘、海底沉积物和其他地质体中已沉降的宇宙尘，研究了它们的粒径、形貌与结构、矿物组成、化学成分与微量元素，取得了许多突破性进展，提出、填补了宇宙尘的鉴别标志。

小天体撞击地球诱发的气候、环境灾变与生物灭绝的研究　从20世纪80年代初开始，中国几乎与国际同步地开展了小天体撞击事件与撞击效应的研究，从对西藏岗巴、吐鲁番连木沁、塔里木阿尔塔什白垩纪与第三纪界面黏土中铱等铂族元素异常和碳、氧同位素组成的异常的发现与研究,为全球性撞击灾变理论提供了重要的科学依据,作出了独特的贡献。在此基础上,进而对我国许多地区的6500万年前、3400万年前、1500万年前、240万年前、100万年前和70万年前的界面物质中的地外物质开展综合性的分析与研究,从而提出在6500万年前、3400万年前、1500万年前、240万年前、100万年前和70万年前曾发生过地外物体撞击地球(图5-14)诱发气候环境灾变与不同程度生物灭绝的事件,结合"核冬天"的气候效应,初步建立起新生代6次重大撞击事件诱发的尘埃弥漫平流层、森林大火、光合作用抑制、酸雨沉降、生物灭绝的气候综合效应模式,在国内外学术界引起了较大的反响。

比较行星地质学与行星原始物质成分不均一性研究　比较行星地质学是以地球的研究为基础,将地球置于太阳系的时空尺度

图5-14　6500万年前,小天体撞击地球的模拟示意画面

里,对比研究各行星形成演化的共性与特性,综合探讨地球和各行星的演化规律。虽然中国的比较行星地质学研究起步较晚,但在行星大气的化学组成与化学演化、行星表层特征的对比研究、行星的内部结构与热历史、类地行星形成的环境与平均化学组成、类地行星的地质演化等方面取得了独特的研究成果。特别是中国学者根据这些研究成果,成功地运用于固体地球科学领域“两均论”与“两非论”百年之争的科学谜团的诠释:20 世纪开始固体地球科学逐渐形成的“两均论”理论体系是指地球初始组成是均一的,演化是均变的;20 世纪中叶以来,虽然旧的理论难题还没有解决,但随着新方法的使用、新现象的发现、新资料的不断补充与积累,问题也越来越多,从而使一些曾经被抛弃的老观点重新复活,或被赋予新的含义。认为地球初始组成是非均一的、演化是非均变的“两非论”理论体系也随之成型,从而构筑了当代地球科学理论研究领域的两大对立面。面对着这一百年科学疑团,以欧阳自远院士为首的中国科学家团组从更长的时间尺度和更大的空间尺度上,大胆地提出了一个全新的地球堆积模型,认为:地球是由不同化学组成的星子堆积而成的,最初阶段的星子是由尘粒堆积而成的、小的(约 10 千米)无级序群体;第二阶段由小的星子相互碰撞合并成有级序的星子群;最后,增生星子的大小发生级序分化,形成较大的中间体(达到火星的大小),再由这些巨大的中间体堆积成原始地球,然后由较小的剩余星子堆积成上地幔补给层。这一星子堆积理论提出后,在学术界引起了很大的震动和反响。

月球探测与研究　从 20 世纪 60 年代初开始国际月球探测与研究的全程跟踪性分析和研究,从科学研究的角度和需求上,及时收集、整理、分析了大量公开的探测资料和研究成果,并在月球的空间环境、地形地貌、矿物与岩石类型、火山与岩浆活动、大地构造、撞击坑的分布与年龄、月球与地月系统的起源与演化历史等方面进行了较为系统的综合性研究,取得了可喜的成果。在这些研究中,有一个特别的事件改变了国际同行对中国的月球与行星科学研究水平的看法——1978 年 5 月，美国总统安全事务顾问布热津斯基(Zbigniew Kazimierz Brzezinski）在访问中国期间，代表卡特(Jimmy Carter）总统向华国锋主席赠送一块月岩样品和一面美国宇航员带上月球的中华人民共和国国旗。事后华国锋主席将月岩样品交给国务院办公厅，国务院办公厅询问中国科学院，得知中国科学院地球化学研究所欧阳自远领导的团队在从事这方面的研究，便通知该所到北京取回样品，进行分析测试与研究。由于样品压铸在半圆形凸透镜状的有机玻璃内，只能在超净手套箱内进行样品分装，取出后样品只有 1 克重(图 5–15)。当时决定，用 0.5 克月球岩石样品完成全部分析、测试与研究，留下的 0.5 克样品送交北京天文馆展出，供公众参观。中国学者用这 0.5 克样品，开展了岩石学、矿物学、主量元素、微量元素、穆斯堡尔谱、热释光、14 兆电子伏快电子活化分析、仪器中子活化分析、放射化学中子活化分析、质子激发 X 射线分析、火花源质谱及电子能谱测试等系统性的研究工作，初步探讨了该岩石样品的成因，发表了 14 篇研究论文，证明它是“阿波罗 17 号”登月探测器(图 5–16）采集的月海玄武岩(70017–291)。这一成就证实了中国在地外样品研究领域已达到国际先进水平。论文发表后，美国、西德、英国、日本、印度等国的学者纷纷来信索要论文复印

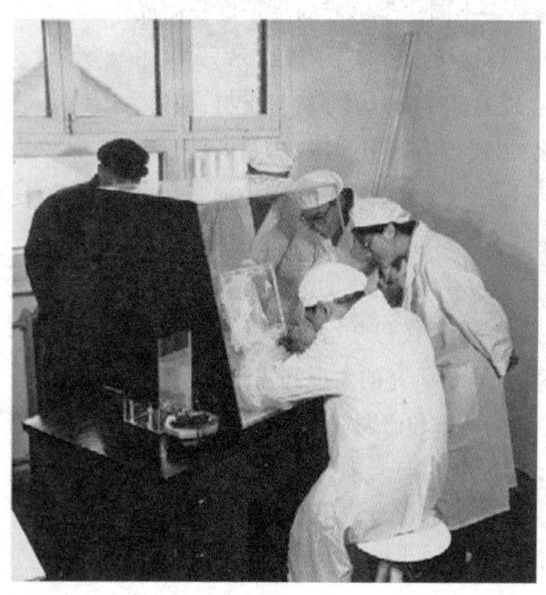

图 5–15 欧阳自远在手套箱内进行月球样品分装

图 5-16 “阿波罗 17 号”登月探测器

件。在国际陨石学会、国际月球和行星科学大会期间,不少学者与欧阳自远交谈时既表示惊讶也充满敬佩地说:“你们的工作做得很系统,数据还不错,证明你们的微粒、微量分析测试水平提高很快”;“你们根据数据能确定是 70017-291, 太难了”;“你们对 70017 的化学成分、矿物成分、表面结构、形成环境等补充了许多重要的新资料,谢谢你们作出的贡献”。

如果没有超前的意识、敏锐的眼光、发展的远见,那么以 20 世纪 50 年代末中国的社会需求和当时中国地球科学研究的导向而言,今日中国之天体化学、陨石学、比较行星科学的发展也许就是另一种状态。这是否可以说印证了上面所说的“正确的预见和及时的规划对一件事、一门学科、一个组织乃至一个国家的发展导向是多么重要”呢?

1976年，世界上规模最大的一次陨石坠落事件——吉林陨石雨事件，也给中国的天体化学的形成与发展带来了曙光和机遇。正是由于长期对陨石、宇宙尘、小天体、行星、卫星和相关知识的积累，得以及时对吉林陨石进行了世界上规模最大的深入而系统的综合研究，获取了极大的成功、发表了近百篇具有国际先进水平的论文。更为可贵的是，中国学者以此为契机，把智慧的触觉伸向了高空、海底和地层中的宇宙尘，伸向了月球岩石等地外物质，伸向了太阳系各行星、卫星、小天体的国际探测与研究动态，伸向了地球历史中地外物体撞击诱发气候、环境灾变以及生物灭绝过程的研究领域，伸向了地球原始不均一性的形成与演化对全球构造演化与成矿控制的理论分析等，这些研究成果和自成体系的理论、观点最终浓缩成中国天体化学研究的理论框架，随着这些研究结晶——《月质学研究进展》、《行星地球的形成与演化》、《天体化学》、《空间化学》、《月球科学概论》等的问世，在中国逐步形成了天体化学和比较行星学两个分支学科。

如果说，在机遇面前人人平等，那么，机遇的及时把握和把握机遇的能力却是因人而异的。也许，前者人人都能做到，但后者则要靠平时的积累。正是因长期对国际深空探测跟踪性的分析与调研，了解、掌握了国际深空探测、特别是月球探测的现状、研究成果以及发展趋势，当1978年美国政府向中国政府赠送1克月岩样品后，我国科学工作者得以在极短的时间里完成其中的0.5克样品的综合性测试实验与系统研究工作，并取得被国外专家认同的惊人成就；同样，随着中国科学技术与经济的发展，特别是随着中国航天技术的腾飞，今天中国有能力开展月球探测活动并正值国际重返月球计划刚刚起步之大好机遇，中国的科学家便主动积极地开展了月球探测工程的论证，及时把握这一难得的机遇，促进了中国“嫦娥工程”的预先研究、启动立项和正式实施。

科学论证严慎细实

1989年7月20日，在纪念“阿波罗11号”登月20周年的集会上，时任美国总统的老布什在谈到美国太空计划时首次提出“重返月球”：“我作出长期的承诺：在即将到来的10年里，在90年代里是‘自由号’空间站，这是我们太空努力中关键的一步；然后，在新的世纪，重返月球，重返未来，而这一次要呆下去……”“重返月球”一出台，在国际上引起了很大的反响，日本、欧洲空间局在随后的一二年里纷纷推出以月球、火星为主线的深空探测计划。这常常被视为月球探测新高潮的起点之一。

事实上，1989年布什总统讲话后不到两年，中国也曾作出积极的反响：1991年，时任“863计划”航天领域首席科学家的闵桂荣院士提出了中国也应该开展月球探测活动的建议，并成立了“863月球探测课题组”。1993年，国家航天局组织专家论证，利用因其他任务延迟而空余的一枚“长征三号甲”火箭(图5–17)发射一颗人造物体硬着陆月球的计划。尽管此次提出开展我国月球探测计划因其科学目标不明确、缺乏先进性，特别是因我国经济能力等因素而未被国家批准、立项，但许多有识之士已经意识到，中国在科学技术上已经具备能力，并将很快在月球等深空探测事务中有所作为。也是因为此次方案流产的原因，在事隔近10年后的2003年，曾任国务委员、全国政协副主

图5–17 “长征三号甲”火箭示意图

席、中国工程院院长的宋健院士语重心长地对正在组织、领导开展“嫦娥工程”科学目标论证工作的欧阳自远院士说:“你们将要提出新的月球探测规划和实施计划,首先要研究设计好科学目标,科学目标要有先进性、创新性和可行性,要紧密结合国家的综合能力并推动科学技术的创新与发展;在经费需求上,要精打细算、实事求是。”宋健院士的嘱咐和期望,成为设计我国月球探测计划的重要指导原则。

1994年,来自中国科学院地球化学所、空间科学应用中心和中国空间技术研究院的欧阳自远和褚桂柏等专家经过近一年的工作,完成了第一个较为完整的月球探测可行性报告。他们通过分析国外月球探测活动发展状况,探讨了中国开展月球探测的必要性,提出中国月球探测的项目与任务,论述中国开展月球探测已具备的条件,提出月球探测发展阶段的设想和第一阶段月球探测的科学目标,以及第一颗月球卫星的方案设想。他们在报告中写道:“我国在航天工业的三大领域(卫星、载人航天、深空探测)中一直到20世纪90年代还只发展了两个领域,深空探测仍属空白。开展月球探测活动不仅能壮国威,提高民族的凝聚力,了解月球,深化人类对地球、太阳系以及宇宙的起源与演化的研究和认识,而且月球上特殊的环境和丰富的资源与核聚变燃料氦3将是各国未来解决能源危机必争的对象。我国已经掌握卫星技术、运载火箭技术、测控网技术和发射技术,我国有一支技术雄厚的卫星技术研制队伍和空间科学研究队伍。我们对月球探测器和月球科学跟踪研究了多年,因此,我国开展月球探测活动条件已经完全成熟。”尽管此次论证结果因各种原因最终未得到国家的批准、立项,但方案中提出的科学目标有两个完全与美国1998年发射的“月球勘探者号”环月探测器的科学目标一致,充分体现了中国科学家已经有能力把握国际月球探测的主旋律,所提出的科学探测任务能体现当代月球探测的焦点、重点和发展前沿。

1998年，在国家863–703项目支持下，由中国科学院地球化学所天体化学研究室(2001年后因工程的需要，部分核心人员调至中国科学院国家天文台并成立了“月球与深空探测科学应用中心”)和空间中心等单位的专家共同完成了中国月球探测发展战略的研究项目，提出了中国月球探测发展规划的初步设想。在此基础上，中国科学院军工办启动了创新性方向项目，支持以欧阳自远院士为首席科学家的有中国科学院国家天文台、地球化学所、空间中心、光电研究院、西安光机所、上海天文台、紫金山天文台等单位专家参加的项目研究组，开展“我国月球资源探测卫星科学目标研究”。2000年，该研究组完成了《我国月球资源探测卫星科学目标》的研究报告。该报告在系统分析国际月球探测现状与发展态势的基础上，详细论证了中国开展月球探测活动的意义、必要性和可行性，首次提出了中国月球探测工程分阶段进行的总体规划和基本构想，具体设计了我国月球探测一期工程的科学目标和有效载荷配置方案，并提出了轮廓性的卫星研制总要求、轨道设计和测控通信方案。该研究成果在2000年8月通过了由王大珩、杨家墀、王希季、孙鸿烈、涂光炽、刘振兴、王水、朱能鸿、姜景山等9位院士和总装备部、航天科技集团、科技部、中国科学院、高等院校的5位专家组成的具有广泛代表性的论证与审核组的论证、评审，并得到充分的肯定，认为：“中国科学院所提出的我国月球探测计划与科学目标先进、明确，意义重大，合理可行，是对国际上已有的月球探测结果的重要发展；各项技术指标先进合理，均有创新特点，作为目标探测的重要起步，能获得有重大意义的新结果，又符合我国国情，在现有条件下可以实现。”这一重要的研究成果不但提出了现今被广泛接受并作为立项目标的“绕、落、回”(绕月卫星探测、软着陆探测、月球取样返回)三步走的设想，而且其所提出的月球探测一期工程科学目标和有效载荷配置方案后来全部成为立项启动的绕月探测工程的科学目标和有效载荷研制总要求。

2000年11月，国务院新闻办公室发表了《中国的航天》政府白皮书，其中："开展以月球探测为主的深空探测的预先研究"被列入近期发展的目标。在国家大政方略的激励下，2001年，中国科学院军工办根据科学院系统有效载荷研制技术的水平与现状，再次启动创新性方向项目——"月球探测关键科学技术研究"。经过研究和攻关，2003年，以欧阳自远院士为首席科学家的项目研究组完成了《月球探测关键科学技术研究》的研究报告。该报告不但在已有研究成果的基础上对科学目标进行了深化研究与论证，提出了具体的探测任务、探测精度等要求，而且重点对部分有效载荷、甚长基线干涉技术和地面应用系统的关键技术进行了先行攻关，使得在绕月探测工程立项后上述相关研制任务能在时间紧、任务重的情况下，完全按照工程总体的进度要求进行。更为重要的是，在完成月球探测一期工程中有关科学论证工作的基础上，从2001年开始，该团组又开始了月球探测二、三期工程科学目标与有效载荷的预先研究工作，其对科学目标及具体科学探测任务的研究成果，为中国月球探测二、三期工程通过2004年科技部组织的国家重大科学技术专项中长期规划的专家论证奠定了基础。

在整个月球探测一期工程科学目标的调研、分析、研究、深化论证和制定中，以及随后的月球探测二、三期工程科学目标的分析与研究中，作为倡导者、工作者与组织者的欧阳自远院士，以其博厚的知识底蕴、严谨的科学态度、睿智的思维方式、宽阔的海纳胸怀和忘我的工作作风，为中国月球探测工程的科学规划、科学目标的制定以及推动工程立项做了大量卓有成效的工作，付出了辛勤的汗水、作出了突出的贡献。嫦娥一期工程立项后，为了让一线人员更好、更快地了解月球的科学知识，欧阳自远又亲自主笔和组织少数专家，在不到半年的时间里，完成了《月球科学概论》的编写工作。欧阳自远为中国的探月事业勇于奉献、甘于奉献、乐于奉献的精神，为很多知情人所深深感动和尊敬。

从2002年12月起，受原国防科学技术工业委员会副主任、国家航天局局长栾恩杰的委托，中国著名的功勋科学家孙家栋院士组织了航天科技集团、中国科学院、中国人民解放军总装备部、高等院校等部门和单位的200多位专家，在已有的调研、分析与论证的基础上，开始了“月球探测一期工程的综合立项论证”（立项后被命名为绕月探测工程）工作。整个论证过程采取集中讨论、分析、论证和分散调研、补充、完善两种方式交替进行，以围绕实现科学目标为出发点和使用成熟技术为前提，对囊括有效载荷技术、卫星平台技术、运载火箭技术、测控技术、发射场条件、地面应用系统技术等各个方面的总体方案、技术可行性、飞行轨道设计、计划进度、经费以及目前存在的关键技术问题等进行了全面、细致和深入的分析、论证。经过4个多月的连续作战，于2003年3月完成了绕月探测工程的综合立项论证工作，并提交了《月球探测一期工程综合立项论证报告》以及《月球探测工程科学目标与发展战略》、《月球探测一期工程月球探测卫星可行性论证报告》、《月球探测一期工程运载火箭可行性论证报告》、《月球探测一期工程发射场可行性论证报告》、《月球探测一期工程测控系统可行性论证报告》、《月球探测一期工程地面应用系统可行性论证报告》、《国外月球探测发展概况》7个附件。

在嫦娥一期工程的综合立项报告论证中，特别值得一提的是，具备50多年航天工程技术经验的、曾是中国“两弹一星”总设计师的孙家栋院士那非凡的组织能力、锐利的独到见解以及对细节的层层剖析、对设计的复核复算、对方案的路明线清等工作方法、工作态度和工作原则，让参与论证工作的全国200多位专家、特别是许多首次参与航天工程的“新兵们”深感此次论证的重要性与严肃性，感受到参与此次论证工作所蕴含的责任感和荣誉感，从而全身心地投入紧张而有序的调研、分析、论证之中，在短短的不到4个月的时间里，就完成了工程技术方案的确定和综合立项的论证工作。事后，许多参与此次论证工作的“老航天们”和“新兵们”在聊起此事时，大家都有一个共同的感受:4个月的连续作战都没觉得累，整个论证过程似乎是在孙家栋院士“笑谈”中“轻松”地度过的;而“新兵们”还有另外的一个感受,那就是中国的航天精神——最能吃苦、最能战斗、最能拼搏!

无论是在科学论证还是在工程技术的科学性与可行性论证过程中,一直都得到了各级主管领导的大力支持——

2000年12月,中国科学院江绵恒副院长在听取欧阳自远院士关于“开展我国月球探测的总体规划以及月球探测一期工程的科学目标与有效载荷配置方案”的汇报后指示:“科学院系统应尽快开展一些关键科学问题的深入研究和一些技术难题的先行攻关”。2001年8月,中国科学院江绵恒副院长与孙家栋院士、欧阳自远院士等多位专家,在听取当前研究与论证进展后,表示了应大力推动国家开展月球探测的决心。在工程立项后,作为工程领导小组副组长和科学院主管领导的江绵恒副院长,对整个工程的工作、特别是科学院所承担工程任务的研制,给予了有力的支持和指导。

2002年10月,时任国防科学技术工业委员会副主任、国家航天局局长的栾恩杰在听取欧阳自远院士关于开展我国月球探测工程的必要性、可行性、紧迫性以及总体规划、科学目标等的汇报后,当即表示国家航天局将全力推进我国月球探测工程的开展,并委托孙家栋院士具体负责工程的综合立项论证工作。无论是在工程的综合论证阶段,还是在工程立项后的研制阶段,栾恩杰都投入了大量的时间与精力,其出色的组织、指挥艺术在整个工程的实施中发挥得淋漓尽致,使整个工程在有序与高效中进行。例如,在早期的综合立项论证中,作为国防科工委领导,尽管日理万机,但仍坚持亲临论证现场(图5-18),认真听取论证积极了解各方进展。特别是在全面了解、深刻解读的基础上,从更高、更远、更深的层面上,栾恩杰凝练并提出了我国月球探测“绕、落、回”三小步的发展计划和“探、登、住(驻)”三大步的战略蓝图。工程立项启动后,作为总指挥的栾恩杰经常亲临工程第一线,进行现场办公、现场解决问题、现场指导工作;经常为解决一些或技术或科学的关键问题,在认真听取一线专家的汇报后,认真质疑、严格把关、细致分析,以实际情况为根据、以科学方法为依托、以技术条件为支撑而慎重抉择,帮助一线人员解决了许多难题,显示出其超群的智慧、广博的知识和出众的组织能力。

与此同时,国防科工委、财政部、总装备部、中国科学院、航天科技集团总公司等各级相关领导在听取汇报后,也形成了共识,纷纷对中国开展月球探测活动表示赞同并予以大力支持。

2002年10月17日,在听取有关月球探测工作汇报后,朱镕基总理指示:要尽快实现月球探测,抓紧月球探测论证工作。从此,我国月球探测工程的相关工作正式被纳入国防科工委的议事日程。

2003年2月28日,国防科工委召开月球探测工程预发展会议。会上宣布月球探测工程进入预发展阶段,并宣布成立栾恩杰、孙家栋、欧阳自远三人组成的领导机构,负责月球探测工程预发展阶段的相关事务工作。

2003年4月,国防科工委下达了月球探测工程关键技术攻关重大背景型号预研项目,月球探测工程进入工程立项前的攻关阶

图5–18 “嫦娥工程”总指挥栾恩杰(中)与首席科学家欧阳自远(左)、总设计师孙家栋(右)在某一次论证会上

段。与此同时,国家航天局宣布正式启动月球探测工程的预先研究。

2003年9月，国防科工委成立了月球探测工程的领导小组,负责协调各单位的工作，并起草了国家月球探测工程的专项立项报告。

2003年9月27日,国务院领导听取月球探测工程立项工作汇报后,同意开展月球探测工程。温家宝总理等国家领导人专门对我国月球探测工程作了重要的批示。

2004年1月23日,国务院总理温家宝亲自签发、批准我国月球探测一期工程即“绕月探测工程”立项。

2004年3月31日，国防科工委完成了工程立项的相关手续;4月,国家航天局正式宣布绕月探测工程立项、启动。

至此，历时近10年的中国月球探测一期工程论证工作圆满结束,并进入工程的实施阶段。

第六章　嫦娥一期:我们做什么

探月利剑已出鞘

人类的进化史(图 6-1)清楚无误地告诉我们:对未知世界的探索是人类自身发展的永恒动力(图 6-2)。正是这一原动力鞭策着人类在不同的发展阶段和不同的条件下自觉或不自觉地去观测、探索自然的本质,去了解、揭示自然的规律,去探测、开发自然的资源,并最大限度地去实现不断壮大自身的生存能力和拓展生存空间的目的。

随着现代科学技术的迅猛发展,空间特别是日地空间已经成为人类经济、军事、科技和社会活动的重要领地之一,更是人类展示聪明、才智和能力的最好的舞台之一。深空探测不但是这些活动中最具显示度和影响力的活动之一,而且已经成为 21 世纪人类空间活动的主旋律。

图 6-1　人类进化演绎图

图 6–2 探索未知世界是人类自身发展的永恒动力

在整个太阳系大家族中(图 6–3),月球作为行星地球唯一的天然卫星,既是距离地球最近的自然天体,更因其独特的空间位置、特有的空间与表面环境和各种丰富的资源而成为人类开展深空探测活动最为关注的首选目标。

在经历了 35 年知识积累和 10 年论证之后,2004 年 1 月 23 日——这一天正是大年初二,温家宝总理亲自签署、批准了嫦娥一期工程(即绕月探测工程)立项。这是中国航天继人造地球卫星、载人航天之后的第三个里程碑,是中国航天活动的又一个重要标志性工程,是一项对中国政治、经济、科技具有重要意义的战略工程。它拉开了中国科学家探测深空奥秘的序幕,受到了党中央和国务院的高度重视,得到了全国人民的热情支持。

这一工程的目标,是向月球发射一颗极月低轨卫星,探测月球表面地形地貌、物质成分、月壤厚度和地月空间环境。工程由“嫦娥

图 6-3　太阳系大家庭成员：八颗行星自上而下依次为水星、金星、地球、火星、木星、土星、天王星和海王星，月球位于地球右上方

一号"卫星、运载火箭、发射场、测控和地面应用五大系统组成,是一项复杂的多学科、多技术集成的系统工程,是一项有航天科技集团、中国科学院、总装备部等多个部门和单位的上万人参加的工程,是一项有国内70余所大学和港澳学者参与探测数据的科学和应用研究的工程,整个工程由国防科工委牵头组织实施。

那么,今天,已经启动了的、华夏民族"嫦娥奔月"千年梦想的第一个实施者——嫦娥一期工程(图6–4)将在科学上做什么、如何做呢?从工程立项启动后的三年多时间里所开展的研制、建设工作中,我们的"嫦娥人"具体做了些什么呢?2004年的启动年主要完成了什么样的工作?2005年的攻坚年攻克了哪些关键技术?2006年的决战年又取得了什么新的进展?2007年的决胜年又将会怎样做呢?这些完成什么、攻克什么和取得什么等,在科学和技术上的最终产出到底将会是什么呢?

在航天工程的理念中,"质量尤关键、细节定成败、进度是追求"既是每个中国航天人心里"苦涩"的泪,更是他们心田"欢唱"的歌。

图6–4 "嫦娥一号"卫星在轨运行示意图

那么,作为"嫦娥工程"的第一部进行曲,在过去的三年里,为谱好这一曲子,"当代嫦娥人"在这些"泪"与"歌"的交响乐中又是如何化"泪"为"歌"的呢?

正如2004年2月中国航天局局长孙来燕代表中国政府正式宣布启动嫦娥一期工程时所说的那样,嫦娥一期工程(CE-1)是我国开展深空探测的起步,将以"突破月球探测基本技术,研制和发射我国第一个月球探测器'嫦娥一号'卫星(代号CE-1卫星),首次开展月球科学探测,初步构建月球探测卫星航天工程系统,为月球探测后续工程积累经验"为总目标。

这里,我们姑且不去探讨嫦娥一期工程的技术目标和应用目标,单是科学目标就值得我们好好品味一番。

这是因为,对于任何一个大科学系统工程来说,科学目标是源头、是牵引,只有在充分洞悉国际月球探测的历史、现状和发展态势的前提下,根据中国科学技术发展需求以及实际的科学技术水平和经济能力,才能提出并制定既符合我国国情、又在科学上有一定前瞻性和特色性、在应用研究上有一定需求性和发展性的科学目标。

依靠长达35年跟踪性调研和相关性研究所积淀的知识底蕴,在深刻了解国际深空探测以月球探测为主旋律的前提下,通过近10年的系统而充分的论证,中国科学家们提出了嫦娥一期工程的四大科学目标是:

(1) 获取月球表面三维影像;

(2) 分析月球表面有用元素含量和物质类型的分布特点;

(3) 探测月壤特性、估算月壤厚度、评估月壤中氦3资源开发利用前景;

(4) 探测地月空间环境。

那么,这四大科学目标到底蕴含着什么样的具体科学内涵,以及更深远的应用与研究价值呢?

为月球画“肖像”

由于月球表面几十亿年来一直受到陨石物质的强烈轰击,表面覆盖了一层5~10米厚的尘土与角砾,真正的基岩物质出露较少。因此,月球成分、地质构造、内部结构和演化等诸多信息不得不从其地形地貌中提取,这就使探测地形地貌有了更深层次的内涵(图6–5)。

例如,通过月球地形地貌的探测与研究,可以划分月球表面的基本地貌单元、划分月球断裂和环形构造,进而分析月球全球构造格架,探讨月球地质构造演化史;通过月球地形地貌的探测与研究,可测量和分析月球撞击坑的形态、大小、分布、密度等,为类地行星表面年龄的划分和早期演化历史的研究提供基本数据,尤其是对一些典型撞击坑,分析其成坑机制、反演其撞击过程,探讨并区分撞击成因和火山成因的环形构造特征,进而探讨类地行星早期撞击演化的共性与特性;通过地形地貌与地质构造特征的分析,演绎和研究质量瘤的分布特征和月球内部质量不均匀演化的模型;通过月球地形地貌的探测与研究,还可为月球探测后续工程(如着陆点、月球基地等的选择)提供基础数据和科学依据等。因此,月球地形地貌特征可以为月球本身现状、演化历史提供最直接的证据,对其表面形貌

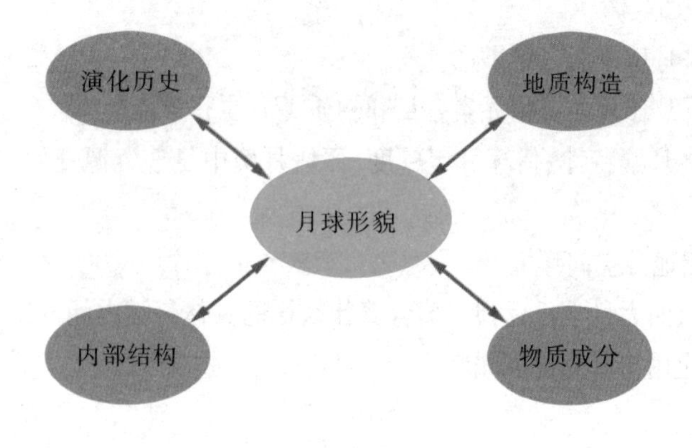

图6–5 月球的地形地貌与地质构造、物质成分、内部结构以及演化历史的关系示意图

特征的探测、辨识、划分与研究,一直是国际月球探测的最重要内容之一。

可以看出,通过探测与研究月球地形地貌,从月球地貌学和月球地质学的高度出发,实施中国对月球地形地貌的全球性和区域性的探测与研究,刻画月球的地貌-地质-动力学模式,以建立全球与局部互相融合的月表形貌和地质构造的月球概念模型,可望实现在国际同类探测、研究领域中的突破和创新。

图 6–6　CCD 立体相机和干涉成像光谱仪的一体化设计

根据整个"嫦娥工程"的分步实施规划,嫦娥一期工程首先从全球性、综合性和整体性的角度出发,从宏观的探测着手,利用 CCD 立体相机(图 6–6)和激光高度计(图 6–7),实施对全月面的三维立体成像探测,开展以下几个方面的科学研究:

(1) 划分月球表面的基本地质构造和地貌单元;

(2) 进行月球撞击坑形态、大小、分布、密度等的测量和分析,为研究类地行

图 6–7　嫦娥一期工程配备的激光高度计

星表面年龄的划分和早期演化的历史提供基本数据；

(3) 划分月球断裂和环形影像纲要图，勾画月球地质构造演化史；

(4) 开展月球质量瘤和月球重力场研究；

(5) 为后续着陆探测优选合适的区域提供科学依据。

探明月球成分

月球的物质成分、分布规律和演化特征是月球探测的最主要、最基本的任务，化学元素、矿物的含量与分布特征是月球地质演化研究的基本素材。月球科学最为基本的任务就是认识月球的形成和演化历史，而要了解月球的演化历史，首先需要知道的就是月球的化学组成和物质状态。通过研究化学元素的含量和分布特征，可以反演月球的演化过程，分析、研究月球的整体化学成分与化学演化历史，可以进而为研究地月体系的起源方式与化学演化过程等提供最直接和最有效的科学依据。

月球资源的开发是人类探测月球最为关键的原动力，也是未来月球探测的重点任务之一，它关系到将来月球基地的建设方案，因此对月球资源的探测与调查应该贯穿于中国探月工程之始终。众所周知，当今人类面临着资源匮乏、环境恶化、人口剧增等诸多困境，而资源匮乏与人口剧增又必然会加快地球上不可再生资源消耗殆尽的进程。为保持人类的可持续发展，必须提前拟出应对的策略。对于地球资源耗竭的问题，一般认为有两条路可供选择，一是到地球以外的其他星球去寻找资源，一是找寻新的资源替代品。

由于月球是离地球最近、人类研究程度最高的地外天体，随着航天运载技术的提高和运输成本的降低，理当成为人类资源接替基地的首选目标。已有的研究显示，月球蕴含大量诸如月壤中的氦 3、月海玄武岩中的钛铁矿(图 6-8 和图 6-9)等有用资源，能够成为人类可持续发展所需的某些资源的接替品。因此，探测月球资源及其

图 6-8 月球表面铁元素含量及其分布图

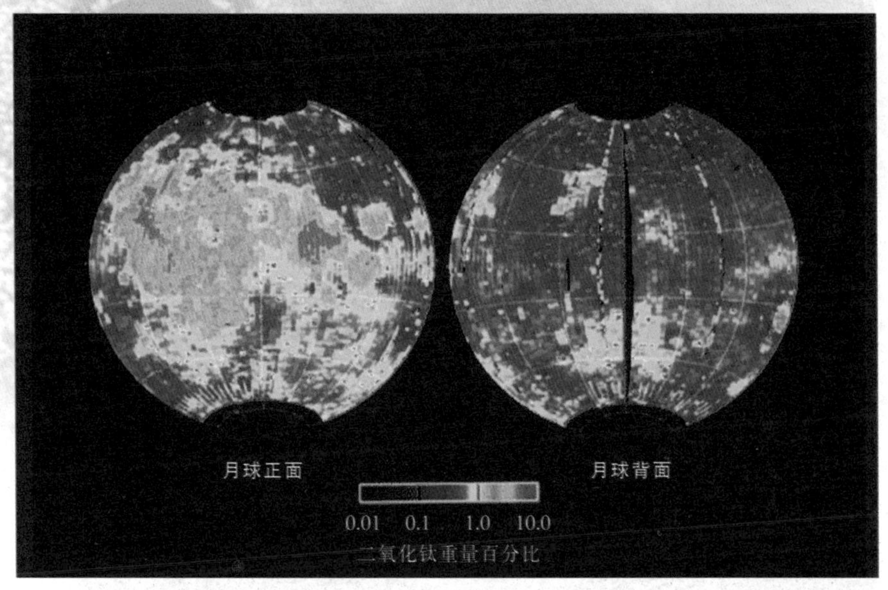

图 6-9 月球表面钛元素含量及其分布图

图 6–10 人类从地球上观测月球有着非常悠久的历史

分布规律也就成为当今人类迫切需要实施的重要任务之一。

尽管,人类通过长期的地面观测(图 6–10)以及 20 世纪 60 年代以来的环月轨道探测、不载人着陆和载人登月等一系列月球探测活动,已经获得了许多有关月球表面物质组成与分布规律的认识。然而,目前人类对月

图 6–11 月面上已有的探测器着陆点分布图

面物质最为精准的了解，还只是来自月球正面的9个飞船着陆取样点（图6-11），还无法得到月球背面的岩石与土壤；由于取样范围的地理局限性，仅仅依靠在这9个着陆点采集的样品，对月球物质整体性研究的深度和广度还远远不够的，从而影响了利用这些样品得出的结论来评价整个月球资源和物质演化历史的可靠性；其他所有的有效着陆点也全都在月球正面，而且与整个月面面积相比范围也极为有限，这也影响了我们对月球表面成分的整体性了解。

1994年发射的"克莱门汀号"环月轨道探测器利用多光谱成像光谱仪获取了月面大多数区域的成像扫描，获取了物质成分、特别是辉石、橄榄石、斜长石等一些矿物的科学信息。1998年发射的"月球勘探者号"环月轨道探测器利用γ射线谱仪获得了铀、钍、钾、铁、钛等元素在月球表面的含量和分布等重要科学信息。这些高效的探测结果在精度上比20世纪六七十年代进行的物质成分探测要高得多，使人类在月球物质成分科学研究领域取得了划时代的成果，从而大大加快了国际重返月球的步伐与进程。

尽管如此，我们必须认识到：无论是"克莱门汀号"还是"月球勘探者号"的探测结果，都还远不能满足科学家对月球物质更深层次了解的需求，即使是精度也还有待进一步提高，如"月球勘探者号"

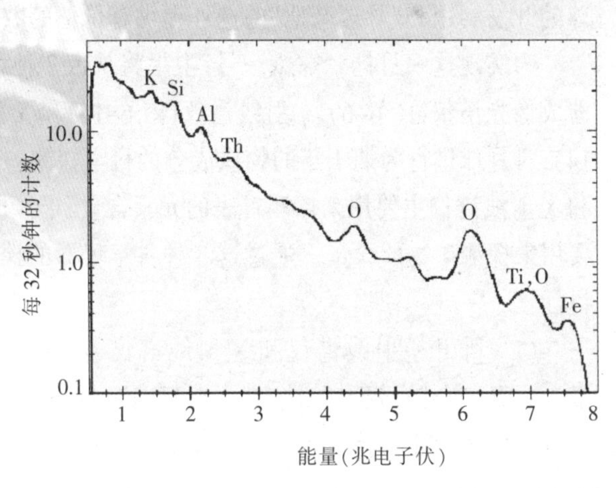

图6-12　美国权威性学术刊物《科学》(*Science*)上发表的"月球勘探者号"对月面元素的探测结果。图中元素符号：K为钾，Si为硅，Al为铝，Th为钍，O为氧，Ti为钛，Fe为铁

对元素的探测有的误差达到90%以上。“月球勘探者号”有效探测的元素也很有限(图6-12),这对探讨月球整体化学成分确实是一种遗憾。此外,由于“克莱门汀号”与“月球勘探者号”是不同层次、相隔4年的探测活动,对矿物与元素的综合性研究来说也不能不说是一个美中不足;特别是到目前为止,对月面资源性物质的探测与研究力度还远远不够,毕竟,人们探测月球的一个最重要的目标将是在月球上建立基地、开发利用月球资源。

月球元素和物质类型的全球性、整体性探测是中国嫦娥一期工程四大科学目标之一。针对探测和研究月球化学元素与物质组成的现状,考虑到探测对月球整体化学研究起关键性作用的元素和岩石的可行性,中国首次月球探测在月球化学元素、物质成分方面的探测重点放在关键性与资源性的元素和矿物上:探测月表14种常量元素和有用元素,即氧、硅、镁、铝、钙、铁、钛、钠、锰、铬、钾、钍、铀及稀土元素的含量与分布特征,获取14种有用元素的月面分布图;探明主要矿物如橄榄石、辉石、长石和钛铁矿在月表的分布规律;根据元素和矿物分布的特点,分析、研究并确定克里普岩、斜长岩和玄武岩在月表的分布;研究资源性元素——如钛、铁、钾等在月表的富集区,评估月球矿产资源(钛铁矿、稀土元素等)的开发利用前景,为月球的开发利用和“月球基地”的选址提供有价值的数据和依据。

为实现这一目标,“嫦娥一号”卫星将携带3种科学仪器——干涉成像光谱仪(图6-6)、γ射线谱仪(图6-13)和X射线谱仪(图6-14),对月球进行为期1年的物质成分的科学探测,其中γ射线谱仪和X射线谱仪主要用来探测月表的元素含量,干涉成像光谱仪则主要用来探测矿物的含量。通过这3种科学仪器的探测,可实现如下目标:

(1) 利用γ射线谱仪和X射线谱仪,获取月表14种有用元素——氧、硅、镁、铝、钙、铁、钛、钠、锰、铬、钾、钍、铀及稀土元素的含量与分布特征,编制它们的全月球分布图。

图 6–13　“嫦娥一号”携带的 γ 射线谱仪

图 6–14　“嫦娥一号”携带的 X 射线谱仪

(2) 利用干涉成像光谱仪,对月球进行全球成像,获取主要的造岩矿物——如橄榄石、辉石、斜长石在月面上的含量与分布,编制相应的月球矿物分布图。

(3) 结合矿物、元素的探测结果,研究、辨别月球表面的物质类型和分布规律,进一步确定月表特别是月球背面的岩石组成和分布特征,编制月球的岩石类型分布图。

(4) 分析元素丰度异常区(如钛、铁、铀、钍、钾、稀土元素等丰度异常高区)的分布特征,进而评估这些异常区元素的开发利用前景。

(5) 利用月面物质成分的探测结果并结合以往相关研究结果,开展月球化学演化与成因的综合性研究,为月球成因理论的不断完善作出新的贡献。

(6) 为中国月球软着陆器着陆区的优选提供第一手的科学资料。

探测月壤厚度

类地行星表面由于各种外部营力的作用,一般都发育有类似地球表面的风化层,即通常所说的土壤。月球上虽然没有空气和水,但存在诸如温差、不均匀热胀冷缩、太阳风和银河系宇宙线轰击、陨石和宇宙尘的撞击等其他因素,它们都会使月球表面岩石碎裂,逐渐改变月球表面的原始面貌,使之被一层碎屑-尘埃物质覆盖。这层覆盖物一般统称为“月壤”。月壤可以说是国际月球探测活动的一个必选目标(图 6-15)。这是有以下几个原因——

月壤是研究太阳辐射历史的最佳标本 月球固体表面年龄至少已有 40 亿年,由于太阳风持续地轰击月球表面,因此月壤包含了独特的太阳辐射历史,记录了 40 亿年太阳活动的历史,其完整程度在太阳系其他行星或卫星表面是难以找到的。这为研究太阳活动的演变历史, 以及太阳对地球气候变化的影响提供了一条便捷的途径。

月壤是了解月球早期历史、建立表面时间标准的最佳对象 正如地球表面的沉积作用记录了地表演化的历史一样,月壤也同样记录了月球早期的历史。对月壤的研究有助于了解全月球岩石的组成,而月壤的厚度和成熟度与月球表面的暴露年龄和撞击坑的成坑年龄都有直接关系,这为月球表面时间标准的建立提供了一条可靠的途径。

月壤是有巨大开发利用前景的能源库 由于太阳风粒子、太阳耀斑粒子的持续注入,月壤富集了某些特定的元素或同位素,尤其是稀有气体元素。特别重要的是,月壤中含有地球上极为稀缺的氦3——一种可长期使用的、清洁而安全的可控核聚变燃料。

经过系统的研究和综合的论证,中国嫦娥一期工程提出了利用微波辐射探测系统(图6–16),探测月壤微波辐射特性、获取月表(月壤)亮温数据、反演月壤厚度、估算月壤中氦3资源量的科学目标。

这是中国首次提出、国际上至今也从未开展过的全月面月壤厚度遥感探测任务。作为"嫦娥工程"在科学上的创新性与特色性的标志之一,中国科学家和工程技术人员在这一科学目标的论证上,以及随后在探测数据的科学反演工作上的"投入",虽不能说绝后但至

图6–15 月壤是国际月球探测计划的必选目标

少是空前的。

这里,我们姑且不去“探究”科学家和工程技术人员在各个环节中所付出的辛劳,单就天线接收到微波辐射探测数据后,所进行的原始数据的预处理流程到月壤厚度科学反演的方法流程(图 6-17),便可以清楚地看到:在月壤厚度的探测与研究中,从数据接收、数据预处理到月壤厚度计算的整个过程所包含的艰巨性和复杂性。

在仪器的研制以及数据预处理方法的研究与模型建立上,首先面临的一大挑战就是微波辐射计在卫星上的冷空定标难题。由于微波辐射计得到的数据实际是电压值,而要把电压转换成天线口(面)的温度(即通常所说的天线主瓣视在温度)、再把天线温度转换成月

图 6-16 微波辐射探测系统:(a)微波探测器部分,(b)三个波段的天线部分

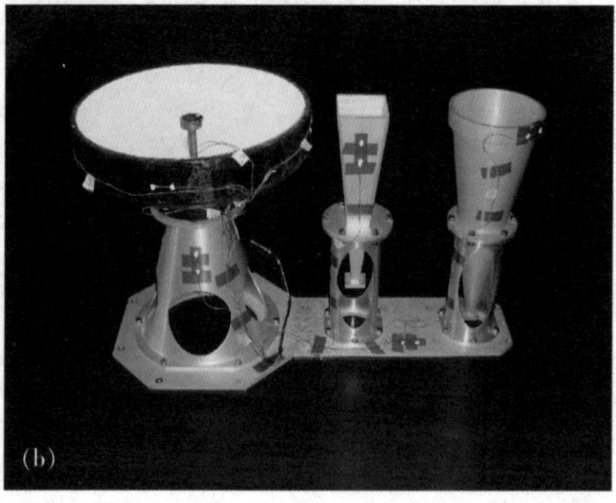

表物质即月壤的亮温,冷空定标的好坏以及顶标数据计算模式的正确与否将直接影响所获数据(电压值)的“可用性和可用程度”。这就要求微波辐射计必须具有“自身定标能力”。为此,工程副总设计师、中国著名微波理论专家、中国工程院院士姜景山亲自挂帅,组织成立了由相关领域专家组成的工作组,开展了大量的研究和攻关工作,特别在微波天线的设计上更是精益求精,最终攻克了这一技术难关和理论难题。在理论上基本解决了冷空定标难题后,在输入有效冷空定标误差值或补偿数据后,接着面临的问题是如何把“可用、有效”的电压值转化成天线口(面)的温度。这不但涉及新计算模式

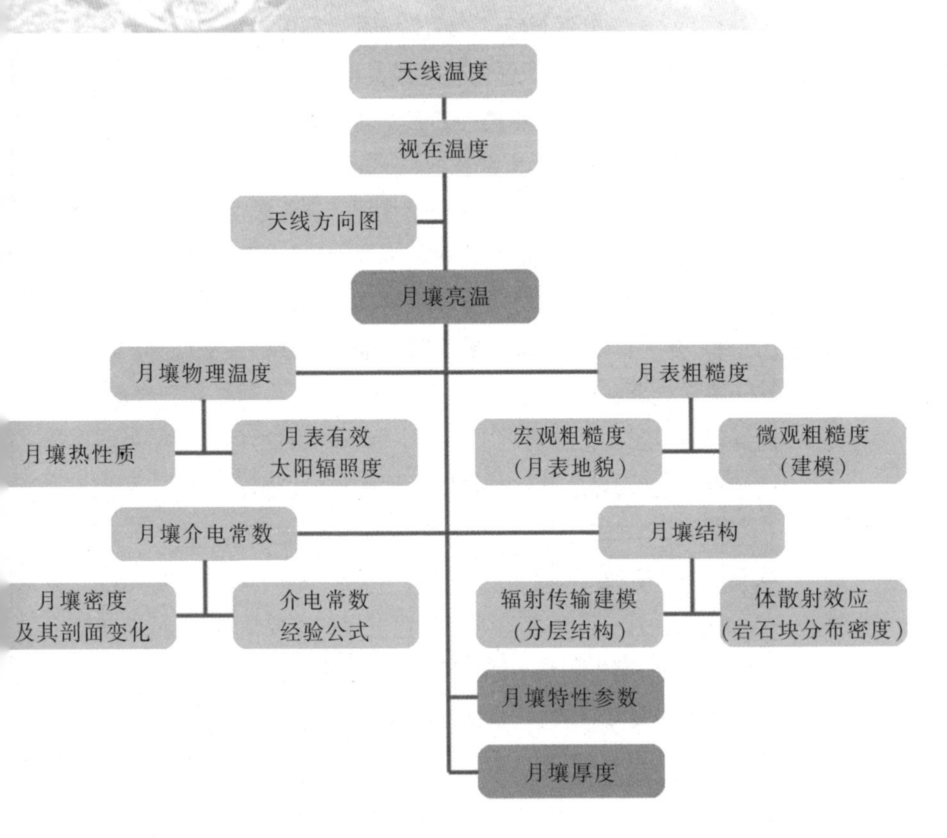

图 6-17 由微波辐射探测数据科学反演月壤厚度的流程图

的建立以及地面模拟实验的验证,更重要的是在“仪器系统校正”这一步骤中牵涉的未知参数太多、未知因素太复杂,在整个计算模式的建立中,为能满足“科学反演的月壤厚度”的精度要求,“细小的偏差将会得到失之千里或荒唐的结果”一直翻腾在每位工作者的脑海深处;为了实现这一方法性的突破,微波理论专家、仪器技术人员、遥感数据处理专家、仿真技术专家、地质学家、月球科学家等“走到一起、干在一块、争争吵吵、反反复复”,真正达到了多样知识相互渗透、大家智慧高度融合的境界。

可以说,微波探测数据的预处理仅仅是走过“从电压值换算到天线温度”这一段不算“长”的行程,而要实现月壤厚度的科学反演则尚需解决如何把天线温度转化成月壤亮温、再根据月壤亮温建立“月壤亮温与月壤厚度相关性的数学转换模型”等科学难题。

遗憾的是,国际上还没有“月壤亮温与月壤厚度相关性的数学转换模型”,这样一个全新的科学课题,在很长时间里一直困扰着“当代嫦娥人”中各级别、各层面的人物,从工程总指挥栾恩杰、首席科学家欧阳自远、主管该项科学仪器的工程副总设计师姜景山到具体承担、开展科学反演的研究人员。通过反复的论证、研究与实验,这一科学难题在原理上基本得到解决,但最终的结果到底如何,则尚需经过卫星在月球轨道上测试定标、探测数据的计算结果与实际已知点的比较,以及其他种种实践检验再加以判定。

探测地月空间环境

日-地-月空间环境是人类生存发展的重要活动场所,而在这一空间区域里,宇宙射线、太阳耀斑和日冕物质抛射等剧烈活动造成巨大能量的突然释放,常常给地球磁层、电离层和中高层大气、月表环境带来严重影响,甚至危及人造卫星的运行与人类的健康和安全。

月球与地球的平均距离为 38.4 万千米,在地球向阳面可穿出地磁场磁层顶,在地球背阳面则处于地球磁场空间的远磁尾。因此,月球探测器在地球的向阳面能够探测到行星际空间的原始状态,灵敏地监测太阳风的扰动和磁尾空间环境的变化。因此在月球轨道上监测、探测远磁尾空间环境状态及其变化是可行的和有意义的。同时,研究太阳风和月球的相互作用,以及远磁尾和月球的相互作用,对于深入认识这些空间物理现象对地球空间和月球空间的影响具有深远的科学及工程意义。尽管美国等国家在月球开展了地月空间环境的探测,但对于中国而言,所有上述这些探测和研究活动都是首次,是中国继近地空间环境探测之后迈向行星际探测的第一步。

太阳宇宙线为太阳耀斑等高能活动所抛出的高能带电粒子流,其成分以质子为主。由于其能量相对较高,在一些区域可进入到地球磁层,对近地空间的航天活动、军事活动及经济生活构成直接威胁。高能带电粒子流常伴随高速太阳风,是引起地磁暴的主要原因之一。因此,太阳宇宙线监测与研究是空间环境监测与研究的重要内容之一。

月球没有磁场,且几乎不受地磁场影响,太阳风与月球的相互作用完全不同于太阳风与地球的相互作用,太阳风几乎可以不受扰动地轰击到月球表面。因此,月球资源探测卫星可以成为监测原始太阳宇宙线的理想平台,而原始太阳宇宙线的监测不仅是研究太阳活动的基础,也是研究太阳宇宙线在磁层中传输和耦合的基础。

总之,探测与监测日地月空间环境,无论是对科学理论研究、应用研究,还是对保障地球和人类的自身安全,都有重大的实际意义。为此,嫦娥一期工程将利用高能粒子探测器和太阳风探测器(图6–18)开展下述工作:

(1) 监测太阳宇宙线　测量太阳原始宇宙线的成分、能谱、通量和随时间变化的特征,为研究太阳耀斑及太阳宇宙线服务;探测(相对于太阳而言的)月球背后的太阳宇宙线,以研究月球对太阳宇宙线的遮挡效应;探测地磁尾中的太阳宇宙线,研究磁尾对太阳宇

图 6-18 用于地月空间环境探测的科学设备:(a)高能粒子探测器,(b)太阳风探测器

宙线的影响。

(2) 探测太阳风等离子体 测量太阳风等离子体的能谱,即太阳风等离子体的能量分布函数,从中引出宁静和高速太阳风等离子体的特征量,如太阳风的体速度、电子和离子温度以及数密度等。

第七章　嫦娥一期：我们如何做

作为一个大科学的系统工程，科学目标一旦确定，接下来唱主角的必然是工程的总体技术方案，这是工程能否实施的根本和关键，是整个工程具体实施的指南。

那么，在前述四大科学目标的牵引下，嫦娥一期工程的总体技术方案又是怎样的呢？也就是说，人们将派什么样的"探测器"去月球？用什么工具来运载它？在执行发射、探测器飞行和科学探测期

图 7–1　嫦娥一期工程系统组成示意图

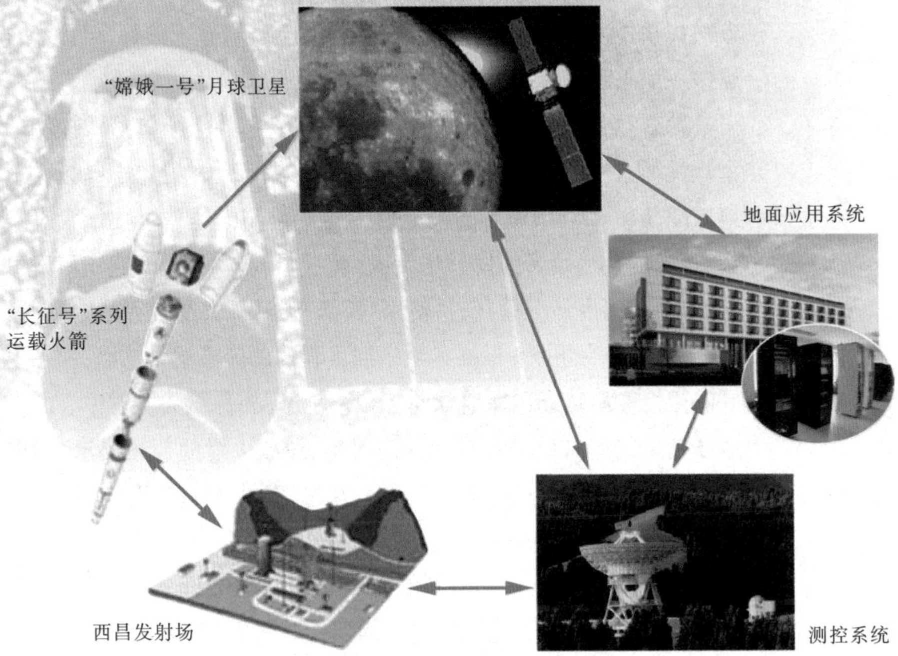

间,又用什么来测量和控制它?人们用什么手段接收所探测到的数据、如何利用这些探测数据开展科学应用与研究,进而实现所制定的科学目标呢?在这些总体技术方案中,还存在什么样的不足,或者说还有哪些关键性的技术问题需要解决呢?

大科学的系统工程

根据工程论证的总体方案,嫦娥一期工程由卫星系统、运载火箭系统、发射场系统、测控系统和地面应用系统五大系统组成(图7-1)。那么,这五大系统各自又将扮演什么样的角色、其体系的结构和总体技术方案又是怎样的呢?

遵循嫦娥一期工程利用现有成熟技术的总体原则,为确保工程的成功,决定选用"长征三号甲"火箭(图 7-2)作为中国第一颗月球探测卫星的运载火箭。"长征三号甲"是三级液体火箭,可将 2600 千克的人造卫星送入标准的地球同步转移轨道(即 GTO 轨道),并已多次成功地发射了人造地球卫星。它性能稳定,技术成熟,可以满足嫦娥一期工程运载任务的要求。

发射场系统是嫦娥一期工程五大系统之一,承担月球探测卫星、"长征三号甲"火箭测试发射任务。西昌航天发射中心是以发射地球同步轨道卫星为主的大型航天器发射场,是一个技术状态良好、技术成熟度较高的发射场系统。建成投入使用以来,它先后发射了 30 余颗国内外卫星,包括使用"长征三号甲"火箭发射的多颗"东方红三号"平台卫星。根据嫦娥一期工程的总体方案,"嫦娥一号"卫星的初始停泊轨道选择地球同步转移轨道。西昌航天发射中心的发射场技术状态可以满足月球探测卫星、运载火箭的使用要求,能够胜任"嫦娥一号"卫星的发射任务。为此,工程总体决定选择西昌航天发射中心作为"嫦娥一号"卫星的发射场系统。

中国从未进行过月球探测,因此,在以"东方红三号"卫星平台作为设计嫦娥一期工程探月卫星的架构基础上,需要研制出一个新

图 7–2 “长征三号甲”运载火箭

的“嫦娥一号”卫星。

由于中国现有的测控系统主要是针对地球卫星建设的，因此，要完成“嫦娥一号”卫星的测控，就需要作较大的改造，特别是增加甚长基线干涉测轨技术。

地球与月球的距离平均约38万千米，对于以探测数据的接收、处理、应用与研究为主要任务的地面应用系统来说，目前的地球卫星地面应用系统难以满足工程任务的需求，因此也需要进行新建设和新研制。

那么，与地球卫星相比，“嫦娥工程”的卫星系统、测控系统和地面应用系统有什么主要的特点呢？或者说，在新研制或适应性改造这些系统中，有哪些主要的关键技术呢？

中国的第一个月球使者

如果说，“东方红号”卫星是中国人在航天史上的第一个骄傲，那么，我们同样有理由认为，“嫦娥一号”卫星必将是华夏民族从地球走向深空的第一个荣耀。

同样的骄傲，但有不同的特点。与一般的地球卫星不同，“嫦娥一号”卫星无论是在飞行轨道、测控、GNC(制导、导航与控制)、热控、能源方面，还是在卫星本体结构方面，都有自己的特点。

同样的第一，但有不同的使命。“嫦娥一号”卫星，中国前往月球的第一个信使，将肩负着中华民族厚重的使命——环绕月球一年，实施对月球的地形地貌、物质成分、月壤特性和空间环境等的科学探测活动，并传回我们中国人自己获取的第一手探测数据。

为了实现这一目标，根据任务功能，经过严格论证、系统分析，卫星系统的总体方案确定如下：卫星系统由卫星平台和有效载荷组成，卫星总重量2300千克。其中，卫星平台又包括制导导航与控制分系统、推进分系统、结构分系统、电源分系统、热控分系统、数据管理分系统和测控数传分系统；有效载荷则包括CCD立体相机、干涉成像光谱仪、激光高度计、γ射线谱仪、X射线谱仪、微波探测仪、太阳高能粒子探测器、低能离子探测器等。“嫦娥一号”卫星将环绕月球极轨运行,轨道高度平均200千米,利用卫星平台上的有效载荷进行不少于1年的科学探测任务。

为完成这一光荣的使命,为实施这一艰难的任务,本着以成功为基本前提、技术突破为发展目标,专家们通过充分的论证、认真的分析、精细的计算、模拟的仿真和慎重的抉择后,决定以“东方红3号”卫星平台作为设计“嫦娥一号”卫星的架构基础,进行既能适应月球环境又能满足任务要求的改造和攻关。这是一条既能完全满足科学探测任务需求,又不会造成不可克服的技术难题和颠覆性问题的现实的技术途径。

实际上,“东方红三号”卫星和“嫦娥一号”卫星还有很大的差异,正如“嫦娥工程”卫星系统总设计师叶培健院士所说的那样:“尽管‘嫦娥一号’卫星继承‘东方红三号’卫星平台,但由于完全不同的环境、38万千米的路程等特点决定了‘嫦娥一号’卫星与‘东方红三号’卫星有质的差别,难度要大得多,基本是全新的研制过程,实现了许多技术的攻关和创新。”

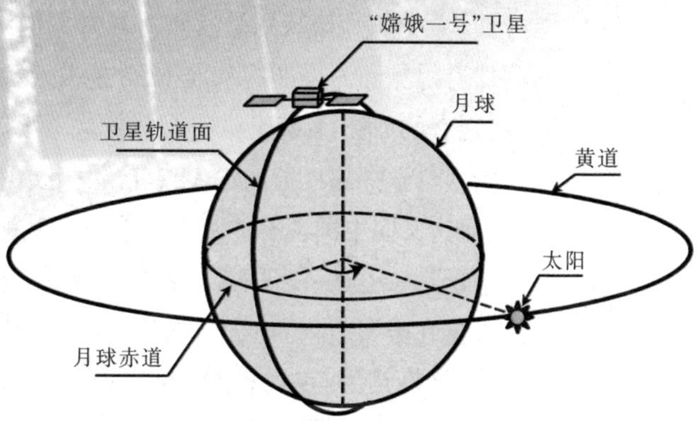

尽管中国的人造地球卫星取得了举世瞩目的成就,但由于中国的卫星从未去过月球,对设计师来说,如何捕捉月球——如何使“嫦娥一号”卫星准确到达指定的月球轨道上(图7–3),

图7–3　“嫦娥一号”卫星绕月运行的轨道示意图

“嫦娥一号”卫星
月球
卫星轨道面
黄道
太阳
月球赤道

确实是一个全新的课题。除了要有精确的飞行轨道设计、计算、仿真等分析与研究外,还得考虑利用对月球的现有认识,利用一些新技术来判断、识别我们的卫星是否已经到达了月球等。因此,卫星总体方案的论证之初,具备识别、捕捉月球等功效的紫外敏感器就这样被列为关键技术而先行攻关,并且最终被成功攻克。

尽管中国地球卫星与载人飞船都成功地实施了与地面之间的通信,但月球距离地球要比地球卫星与地面站之间的距离远得多,因此如何在现有和可行的技术基础上,实现“嫦娥一号”卫星与地面之间的通信,就同样是一个新的挑战,同样被列入了关键技术的名单,最终也同样被中国的技术人员所攻克。

看得见、测得准、控得住

对于“嫦娥工程”而言,“嫦娥一号”卫星在执行其历史使命的整个行程中能否被看得见、测得准、控得住,一直是工程总体、测控系统各级设计师们的最高目标。

尽管中国现有的S频段航天测控网(USB)经过了人造地球卫星、载人飞船等的严格考验,证明了这套测控技术的先进性、成熟性和可靠度。但是,对于月球探测工程来说,一方面,由于月球卫星距离地面测控站要比地球卫星远得多,测量控制的难度大得多;另一方面,人类对月球特别是其重力异常等问题了解程度不足,只有在确保看得见和测得准的基准下,才能及时控得住。而为实现这一目标,现有的USB系统很难完全胜任这一艰难的测控任务。此外,为了实现科学探测任务的最大化和最优化,卫星轨道的精度要求相当高,而这又向中国现有的测控技术提出了新的挑战。

正是在上述诸多因素、难题与挑战的背景下,工程总体、各级技术人员在方案、可行性分析的论证阶段,就开展了全方位的分析和讨论,最终认为:在现有的USB测控技术基础上,联合中国科学院的甚长基线干涉测轨技术可以完成“嫦娥工程”的测控任务。

正如“嫦娥工程”总指挥栾恩杰所说的那样:“细节决定成败”。为确保“嫦娥一号”卫星在主动段、停泊轨道段、地月转移轨道段、进入月球大椭圆轨道制动段以及环月轨道运行段等各个运行轨道的精确测量与有效控制,工程立项、启动后,很快就成立了“嫦娥工程”飞行控制工作组。在长达3年多的工作中,该工作组以“严、慎、细、实”的工作态度和工作方式,对整个飞行的工作模式、飞控程序等进行了“环环相扣、层层相连”的分析与研究,提出并最终确定了“嫦娥一号”卫星飞行与控制的工作模式。

作为中国航天工程测控领域的新的一员,甚长基线干涉测量技术的提出与参与,无疑是对现有航天测控网技术支撑体系的补充和完善,是我国地球卫星测控技术走向深空测控技术的重要一步和关键一环。

甚长基线干涉测量技术具有超高的角分辨率及定位精度。1972年4月,美国用甚长基线干涉测量技术成功地测定了“阿波罗16号”的月球车的行动路线,它相对于登月舱的位置精度为25米。自此之后,就把甚长基线干涉测量技术作为美国深空跟踪网(DSN)的基本测量手段之一。如“先驱者号”、“旅行者号”、“伽利略号”等探测器,均用甚长基线干涉测量技术来测定它们的位置,其定位精度从初期的0.01″提高到20世纪90年代的0.001″,相当于在地月距离上达到2米的精度。甚长基线干涉测量技术的优点,弥补了用多普勒测距方法进行跟踪定位时横向误差大的缺陷。因此,采用“USB+VLBI”(S频段航天测控网加上甚长基线干涉仪)进行航天器的定位和定轨,是目前各国深空探测的测控手段的最佳方案。

甚长基线干涉测量技术的基本原理(图7-4),是测量航天器相对邻近一个或几个河外致密射电源(如类星体、射电星系等)的位置,从而计算出航天器与射电源的天球赤道坐标差,即赤经差($\Delta\alpha$)和赤纬差($\Delta\delta$)。为此,甚长基线干涉测量技术至少需要用两条以上的不平行基线同时进行观测。此外,为了准实时获得其测量结果,通常要采用实时甚长基线干涉测量技术，即甚长基线干涉仪观测站的观测数据通过通信卫星(或地面通信线路)实时传送至数据处理中心，进行实时相关处理，进而解算得航天器的位置参数。

根据这一原理，中国在原有甚长基线干涉仪上海观测站25米天线和乌鲁木齐观测站25米天线的基础上，加上新建成的北京市密云县50米天线和云南省昆明市40米天线，构建了拥有4个观测站的甚长基线干涉仪方案。这样，在嫦娥一期工程中，将由密云50米天线、昆明40米天线、上海25米天线和乌鲁木齐25米天线所在的4个观测站构成的中国甚长基线干涉仪测轨网(图7-5)，辅助S频段航天测控网技术，共同完成“嫦娥一号”卫星的测控任务。

为了确保“看得见、测得准、控得住”这一最基本也是最根本的保障条件，在测控系统的建议下，2006年4月底至5月初，中国国家航天局与欧洲空间局就嫦娥一期工程与“智慧1号”开展了正式

图7-4 甚长基线测量技术原理示意图

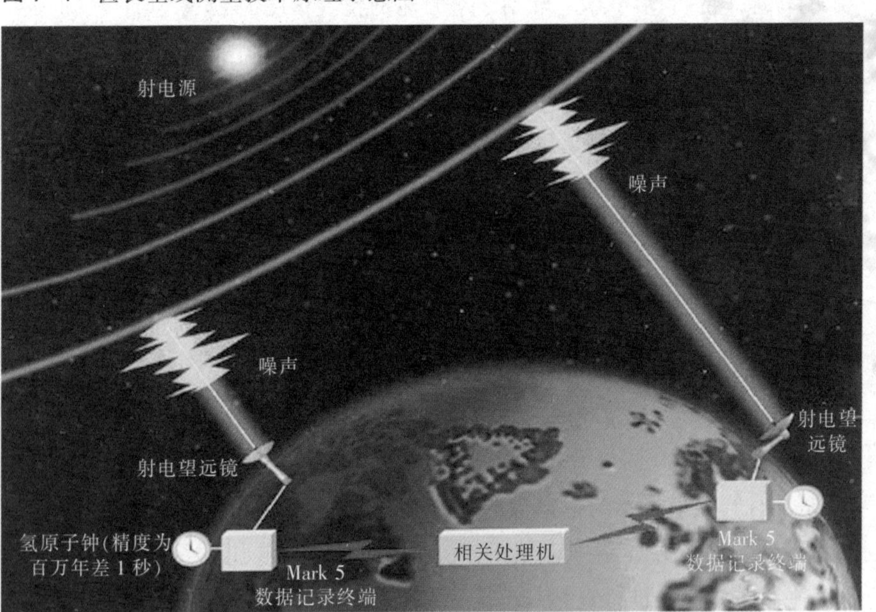

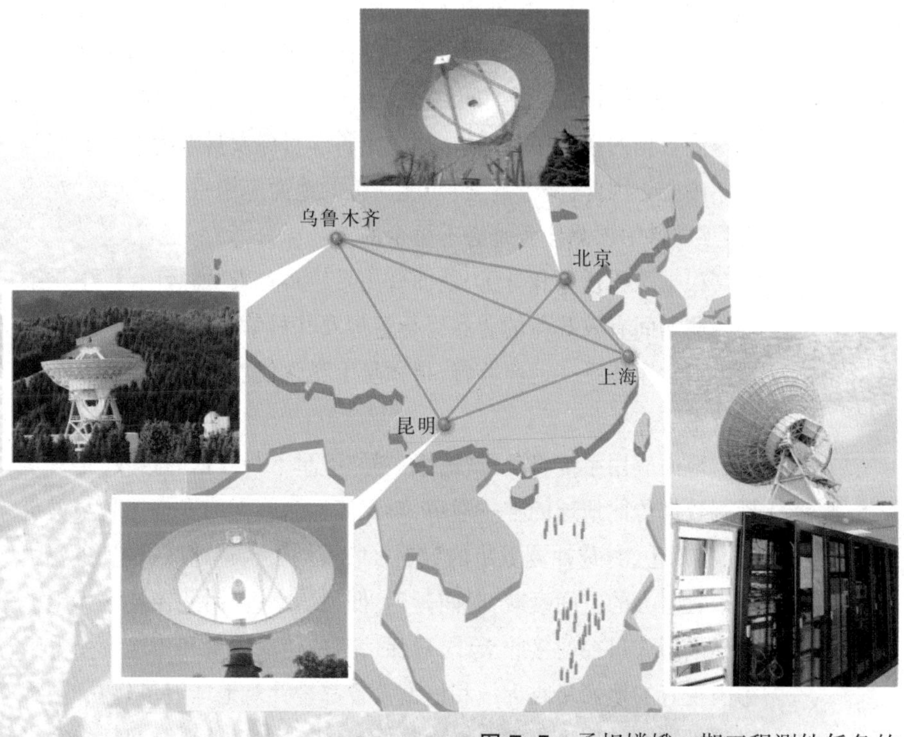

图 7–5 承担嫦娥一期工程测轨任务的甚长基线干涉仪 4 个观测站分布示意图

的国际合作,由中国的 S 频段航天测控网和甚长基线干涉仪组构而成的嫦娥一期工程测控系统,参加了对当时正绕月球进行科学探测的“智慧 1 号”的联合测量与控制试验。此次实验结果证明,我们所提出的嫦娥一期工程的测控方案是正确、可行的,由 S 频段航天测控网和甚长基线干涉仪组构而成的测控系统有能力承担嫦娥一期工程的测控任务。

可靠接收和科学应用

“嫦娥工程”作为我国一项科学探测工程,为实现既定的科学探测目标、确保科学产出的最大化和最优化,就必须做到探测数据的可靠接收、科学处理和有效应用。地面应用系统是承担这一任务的载体,是卫星在轨运行期间的业务运行管理中心,是“嫦娥一号”卫星探测数据的接收中心,是体现既定科学目标及科学价值的研究与应用中心。因此,一个健全、功能完善的地面应用系统对完成“嫦娥工程”的科学探测任务是必不可少的。

根据工程任务和分工,地面应用系统将负责“嫦娥一号”卫星绕月探测期间有效载荷的业务运行管理及其科学探测计划的制定,是保障科学家体系在地面监督、指挥星上科学仪器有效工作必不可少的技术支撑平台。

地面应用系统将负责“嫦娥一号”卫星下行数据的接收,是科学探测数据传回地球的唯一通道,对保障探测数据的安全接收至关重要。技术上,月球探测卫星的数据接收不同于人造地球卫星,主要困难来自巨大的空间衰减、时间延迟、低覆盖率等,因此在技术措施上需要采用大口径的接收天线,确保信道的传输质量和传输量。由于中国现有的地面接收天线和信道设备都是针对地球卫星建立的,难以满足嫦娥一期工程的数据接收任务,需要大口径天线和特殊的接收设备;此外,为了确保安全、可靠和高质量地接收探测数据,一个备份的接收天线设备同样是工程所需。

地面应用系统将负责月球探测科学数据的预处理、科学解译,并组织科学研究,因而是月球探测的最终归宿和科学价值的最终实现者。与地球卫星探测相比,月球探测有一定的特殊性,其探测数据在分析处理、科学反演、解译研究等方面与地球探测数据有明显的差异,在探测原理、技术方法等诸多方面需要进行专门的研究。

“嫦娥工程”是一项能增强民族凝聚力、提高国家声望、显示国家科学实力的综合性航天活动,也是最具显示度的展示活动,因此,科普宣传将是“嫦娥工程”的一项重要任务。作为工程科学产品产出的主要平台之一,地面应用系统将成为科普宣传的一个有效窗口。

正是对工程任务的正确解读和剖析,承担地面应用系统工程任务的各级人员仅用了3年多时间,就研制与建成了由运行管理、数据接收、数据预处理、数据管理、科学应用与研究5个分系统组成的、功能齐全的、能满足工程任务要求的“嫦娥工程”地面应用系统(图7-6)。

已经建成的嫦娥一期工程地面应用系统运行场址和环境包括:

• 在中国科学院国家天文台内建设了由运行管理、数据预处理、数据管理、科学应用与研究4个分系统组成的地面应用系统总部(图7-7);

• 在北京市密云县建成了中国目前口径最大的50米天线(图7-8)的数据接收地面站;

图7-6 地面应用系统的组成示意图

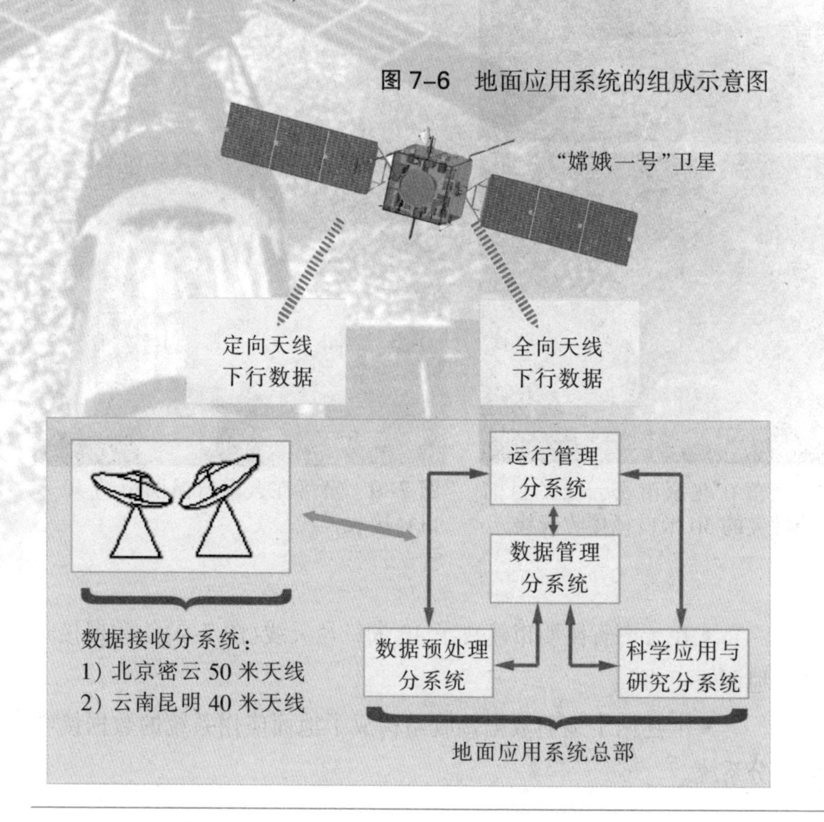

图 7–7 位于中国科学院国家天文台内的地面应用系统总部：左上图是总部大楼，右上图是总部计算机系统，左图是运控大厅

图 7–8 坐落在北京市密云县的目前我国口径最大的 50 米口径接收天线

图 7–9 坐落在云南省昆明市的 40 米口径接收天线

- 在云南省昆明市建成了 40 米口径天线(图 7–9)的数据接收地面站；
- 上述两个地面数据接收站构成了地面应用系统的数据接收分系统。

第八章　嫦娥一期:我们做了什么

2004年是嫦娥一期工程的开局年,也是组织体系落实年、管理规范制定年和方案设计年。

2005年是嫦娥一期工程的攻坚年,也是系统集成年、大型试验年、问题暴露年、技术见底年。

2006年是嫦娥一期工程的决战年,也是卫星、运载火箭系统完成正样飞行产品的生产研制年,是发射场系统、测控系统和地面应用系统具备执行任务能力年。

2007年是嫦娥一期工程的决胜年,也是"嫦娥一号"卫星的发射年、绕月探测年、科学应用与研究年。

那么,在过去的3年多时间里,当代嫦娥人到底做了什么?

2004:开局之年

2004年是工程的开局年。也是组织体系落实年、管理规范制定年和方案设计年。

对于一个即将远行的游人来说,为了能够顺利到达目的地,在出发前首先要做的事情当然就是设计好行程的最佳路线、考虑可能出现的困难及其解决途径了。这里,我们不但应关注行程路线图即方案,更应该关注"游人"这一主体。因为,"游人"不但是此次远行的实施者,更是远行路线图的设计者。

对于嫦娥一期工程来说,作为工程的实施者和设计者的"当代嫦娥人"的情况同样为我们所关注。因为,工程组织体系的落实和有效运行是确保工程顺利进行的根本。那么嫦娥一期工程的组织体系是如何的呢？

2004年2月，经国务院批准成立以国防科学技术工业委员会主任张云川为组长，国防科工委、财政部、科技部、中国科学院、中国人民解放军总装备部、航天科技集团等各方面领导为副组长的工程领导小组，成立了领导小组办公室，并召开第一次领导小组会议，审定了嫦娥一期工程的研制总要求；正式确定工程命名为“嫦娥工程”；任命了以栾恩杰为工程总指挥、主要研制主管部门相关领导为副总指挥的行政指挥线领导；任命了以孙家栋为总设计师，三个研制主管部门即总装备部、中国科学院和航天科技集团推荐的三位专家为副总设计师的技术设计师线的领导，上述两条线的领导，就是我们通常所说的工程两总领导。由于“嫦娥工程”是大科学系统工程，是根据科学需求而牵引出的科学探测工程项目，因此在按惯例形成工程两总的基础上，还首次任命欧阳自远为工程应用科学首席科学家（图8–1），组织、成立了由全国80多个单位的专家学者组成的包括港澳专家在内的绕月探测工程科学家委员会，负责指导并参与探测

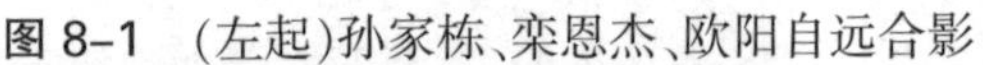
图8–1 （左起）孙家栋、栾恩杰、欧阳自远合影

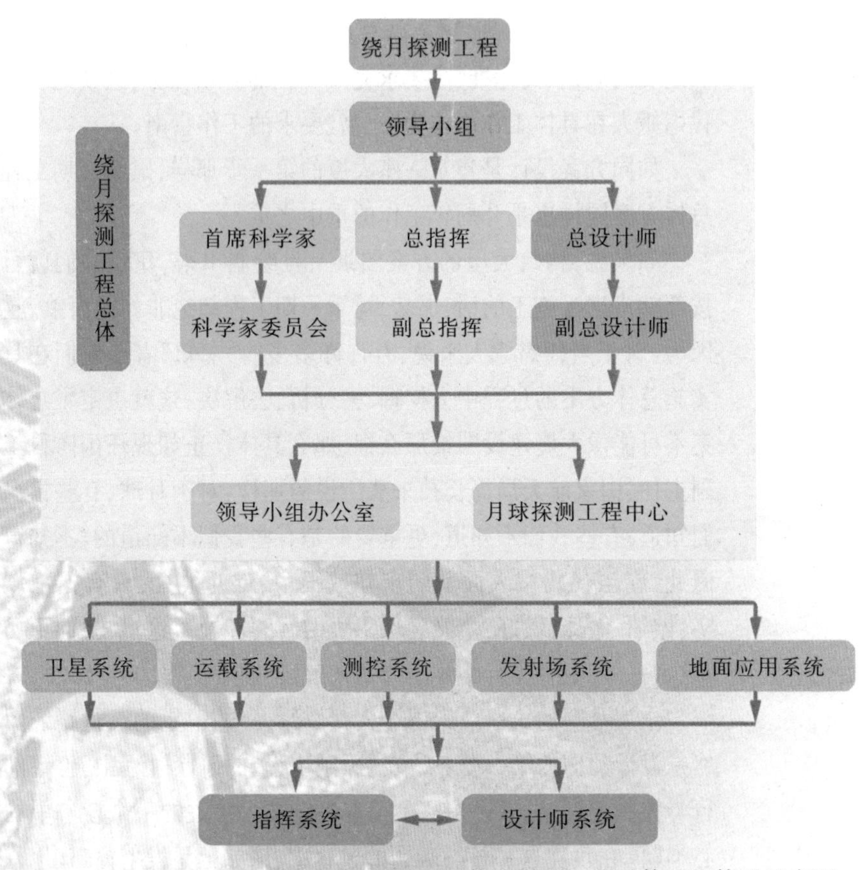

图 8-2　绕月探测工程总体组织体系示意图

数据的科学应用与研究。正式任命首席科学家是中国航天工程50年来的首次,这不但标识了"嫦娥工程"是一项重要的科学探测工程,同时也标志着"嫦娥工程"将在科学等领域开展广泛的国际性合作。为了更好地组织落实嫦娥一期工程的研制任务,经国务院同意,国防科工委专门成立了月球探测工程中心;负责具体组织工程的实施、各部门建立工程研制队伍等事务。与此同时,工程的五大系统——卫星系统、运载系统、测控系统、发射场系统和地面应用系统也成立了指挥系统、设计师系统的两师系统的组织体系(图 8-2)。

4月，温家宝总理、黄菊副总理对工程作了重要批示，指示我们一定要高质量、高标准、高要求完成工程的各项任务，这就是全体当代嫦娥人在具体工作中作为“三高”要求的工作指南。

如同方案设计是建筑一座大厦的第一步那样，嫦娥一期工程的总体方案同样也是开局年工作的重中之重。

如果说，构筑大厦的方案图纸一旦绘制出来，建筑师们就可以按部就班进行施工的话，那么，嫦娥一期工程却绝非如此简单。这是因为，对于当代嫦娥人来说，有许许多多的“未知”需要他们在具体实施总体方案的过程中去挖掘、去分析、去解决，这就决定了总体方案不可能像大厦建设图纸那么细、那么具体。正如现任国防科工委副主任、国家航天局局长孙来燕所说的那样：对于月球，有些情况我们知道，有些我们不知道，更重要的是有些我们不知道的“不知道”，因此，在当代嫦娥人面前的未知数很多、难度很大，只有把工作做实、做细、做透、做好，才能确保工程的顺利实施。这里，我们不妨以“嫦娥一号”卫星飞行路线图为例来解读“嫦娥工程”的特殊性。

作为月亮的第一位中国客人，“嫦娥一号”卫星的飞行路线图自然是设计师们的第一要务。在“嫦娥工程”的研制过程中，卫星的飞行与控制问题，可以说是整个工程关键技术攻关的一个核心中的核心难题。在攻克这一核心难题的过程中，诸如卫星发射窗口、地月转移、月食等许许多多的研究难题、技术难点和模糊细节，一直困扰着、伴随着当代嫦娥人度过一个个日日夜夜，而这些难题的解决同样激励着、鞭策着他们不断地从一个节点的成功走向下一个环节的胜利。例如——

卫星发射窗口的问题 由于月球的位置变化、在不同日期发射的发射时刻会有明显的变化，由于地球同步转移轨道的近地点位置不可能在很大范围内选择、发射机会只能选择每月一次，由于在地月转移轨道飞行过程中卫星与太阳的位置关系影响到发射窗口的选择机会，为使“嫦娥一号”卫星以最有利的角度顺利而安全地进入

预定的地球停泊轨道等,就必须设计出一个合理的、能满足任务需求的发射窗口。经过反复论证、精细计算、演示验证后,最终决定了“嫦娥一号”卫星的发射窗口为每月一次、每次30分钟左右。

地月转移的问题　对中国的设计师来说,如何让“嫦娥一号”卫星在最优的时刻、最佳的位置、以最好的角度摆脱地球引力,并进入奔向月球的飞行轨道,这一难题切切实实是一个全新的挑战。这是因为,对于航天工程来说,每增加1克的重量不但意味着多花很多的钱,更重要的是,为了实现更多的科学探测任务就需要搭载更多的科学仪器,而在最大运载力固定的前提下,科学仪器与携带的燃料等争夺重量资源就突现出来了。

月食的问题　在工程方案论证阶段,月食(图8-3)的问题在一开始是未被重视,或者说是被忽视了的一个极为关键的问题。它涉及卫星在月球轨道运行并执行长达一年的科学探测任务期间的能源供应。问题发现后,工程总体组织各方面的专家,经过近4个月的复核和反复论证,终于解决了这一对“嫦娥一号”卫星能否正常运行至关重要的能源难题。

通过近一年的努力,工程总体制定了工程管理要求、各大系统研制任务书等工程规范,工程各系统完成了可行性论证、方案设计,卫星系统完成了初样设计和转初样评审,突破了三体运动的轨道设计与控制、三体定向的姿态控制等关键技术,有关系统研究了天地

图8-3　月食现象原理示意图

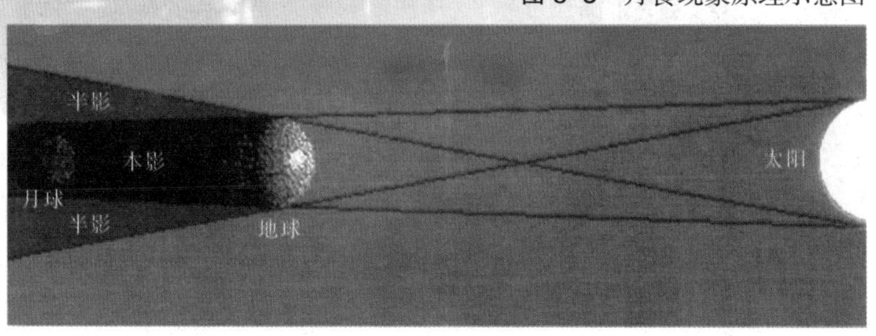

信道余量、测轨定轨精度等，基本实现了落实组织体系、指挥协调顺畅、确定技术方案的年度工作目标。

2004年11月19日，在第二次领导小组会议上，审议并通过了工程进入初样研制阶段。

12月20日，在国务院领导召开的会议上，工程总体领导专门汇报了绕月探测工程进展情况，与会领导对工程进展给予了充分肯定。

2005：攻坚之年

2005年是工程的攻坚年，也是系统集成年、大型试验年、问题暴露年、技术见底年。目标是以质量可靠性为中心，以高标准、高质量、高效率为准则，全面展开产品研制、试验与技术攻关工作，完成工程转正样。

2005年2月4日，中央政治局常委会听取了国防科工委领导汇报绕月探测工程进展情况，并予以充分的肯定。

3月2日，工程领导小组组长、国防科工委主任张云川率领导小组到卫星系统检查工作，对工程研制提出了明确要求。

4月22日，中央政治局常委、国务院副总理黄菊视察工程研制工作并作重要指示，全体研制人员深受鼓舞。

通过一年的战斗，从工程总体、各大系统总体、分系统、直到生产车间等各级层层把关、严格工序流程，完善了不同级别的工程研制规范，完成了总体技术协调，确定了系统、分系统、子系统间的接口；完成了测控可靠性、月食影响等关键技术攻关，逐步化解技术风险；完成了包括电性星、结构与热控星等的研制和11项大型试验，验证了技术方案的正确性；完成了相应的产品生产、设备改造与建设工作；开展了对俄、对欧的技术合作；进行了飞控技术协调工作；组织了全系统的质量复查工作；针对“看得见、测得准、控得住”的关键难题，开展了多次测控信道余量等问题的专家复查复审工作，等等。

通过一年的拼搏，当代嫦娥人以高度的责任感和光荣的使命感，克服了时间紧、任务重、难度大等诸多困难，大力拼搏、努力工作、集中攻关、大力协同，五大系统出色地完成了工程总体下达的年度任务——

卫星系统完成了初样设计与复核复算，月食应对方案论证与试验，电性星研制、结构与热控星研制，鉴定产品研制，专项试验，关键技术攻关，转正样评审，正样设计等工作。

运载火箭系统开展了火箭总体技术方案、初步轨道参数和测控要求、电磁兼容分析、星箭耦合分析等研究设计工作。完成了47项可靠性增长工作中的40项，完成了用于“嫦娥一号”的“遥14”运载火箭用的“液发-75”发动机鉴定验收试车。

发射场系统进入系统建设阶段，完成了总体规划、测发模式协调和工程设计等工作，大部分施工建设项目已进入现场实施阶段。

测控系统针对卫星技术状态变化，优化了原技术方案，对甚长基线干涉测量总体技术方案进行了复审。为了增加测控的可靠性，采取了增配了2个18米单收天线系统，积极利用国外测控资源以提高测控覆盖率等措施，使测控系统支持任务的能力进一步提高。完成了S频段航天测控网和甚长基线干涉仪的综合测轨试验、测控

图8-4　卫星系统与地面应用系统初样对接试验期间，工程总指挥进行现场检查

系统与卫星系统初样对接试验。牵头组织开展了飞行程序、变轨策略、卫星动量轮卸载对飞行轨道和定轨精度的影响等一系列分析和飞控实施方案的协调工作。

地面应用系统完成了与卫星系统初样对接试验(图 8-4),确定了与卫星系统和测控系统的接口关系;完成了我国口径最大的 50 米天线的吊装、40 米天线的安装工作;完成了总部基本系统研制与建设的总体方案设计;科学应用软件完成了需求分析和方案设计,进入详细设计阶段;开展了系统的科学目标实现方案、方法的分析与研究,为了配合卫星系统科学仪器的地面试验验证工作,还完成了 3 种模拟月壤的研制工作等。

12 月 7 日,工程总体组织召开第二次工程大总体协调会,确认了初样阶段工作的完成,并制定了下一步正样阶段的工作计划。

12 月 29 日,第三次领导小组工作会议认为:通过初样阶段的技术攻关、系统集成和大型试验,各种问题得到了充分的暴露和解决,验证了工程技术方案,工程的技术风险逐渐化解,系统间接口关系明确,各系统技术状态确定,后续工作安排合理可行。会议审议并通过了工程总体由初样研制阶段转入正样研制阶段。

2006:决战之年

2006 年是工程的决战年。面临的形势是“任务重、时间紧,要求高、责任大,任务新、难度大”。决战的任务是:卫星系统、运载火箭系统完成正样飞行产品的生产研制;发射场系统、测控系统、地面应用系统完成系统的集成、联试,并具备执行任务的能力。决战的目标是实现 2007 年绕月探测工程首发成功。为此,工程总体下达了决战的总要求和时间控制节点。

其中,决战总要求是:

卫星系统要确保精确变轨、绕月飞行、有效探测、一年寿命;

运载火箭系统要确保成功发射、准确入轨;

测控系统要确保跟踪完整、测量准确、指令无误;

发射场系统要确保精心组织、保障到位、测试规范、确保安全;

地面应用系统要确保可靠运行、精心处理、取得成果。

其中,决战的时间控制节点是:

3月,完成有效载荷及正样星产品交付;

5月,完成正样星总装;

8月,完成应用系统与卫星系统对接试验,完成测控系统与卫星系统的对接试验;

9月,完成星箭对接试验,完成整星电测;

12月,测控系统、地面应用系统、发射场系统具备执行任务能力。

2007年1月,完成卫星出厂评审;完成运载火箭出厂测试;

2007年,按时实现"嫦娥一号"卫星的成功发射。

作为我国继人造地球卫星、载人航天之后航天工程的又一里程碑,"嫦娥工程"受到了极大的关注,从中央领导、各级主管部门领导、工程总体领导到各大系统(分系统)承担单位的领导都极为重视。

2月8日,温家宝总理对绕月探测工程再次作出重要批示:"要加强基础工作,突破关键技术,严格对工程全过程的管理,坚持质量第一,确保绕月探测飞行任务圆满成功。"

3月24日,为确保完成决战任务,国防科工委召开了工作会暨决战动员会,提出了决战年的工作要求:一要聚精会神,真抓实干,按"全、定、前、齐"四字要求开展正样工作,形成工作指标不降、反复复查不烦、出了问题不推、手头工作不拖的良好作风;二要始终把产品质量和可靠性作为决战的核心;三要坚持严慎细实,确保万无一失。制定了四方面的工作措施,即:加强基础建设,确保工作规范;狠抓关键技术和薄弱环节,确保系统可靠;狠抓过程控制,确保产品质量;狠抓试验验证,确保系统协调。作出了《关于加强绕月探测工程质量与可靠性工作的决定》。

11月，胡锦涛总书记在中央经济工作会议的报告中，专门提到了月球探测工程并作出重要指示。

12月，为了落实胡总书记指示、确保工程首发成功，以及针对工程进入集成、联试、联调等关键时刻存在的一些问题，绕月探测工程领导小组张云川组长下达了“两个百分之百”的质量复查复审要求。

经过一年的奋斗和努力，各大系统基本完成了工程总体下达的年度任务指标，为2007年决胜年的首发成功，打下坚实的基础。

2007：决胜之年

“成功是硬道理，使命高于一切，责任重于泰山，团结协作是成功的保证，细节决定成败，全过程零缺陷”的工作理念、“工作指标不降，反复复查不烦，出了问题不推，手头工作不拖”的工作作风和“加强基础建设、确保工作规范，狠抓关键技术和薄弱环节、确保系统可靠，狠抓过程控制、确保产品质量，狠抓试验验证、确保系统协调”的工作要求，激励着当代嫦娥人三年多来以国家利益为己任，以参加工程为光荣，去工作、去拼搏。他们为了一个共同的目标——圆满而无遗憾地做到“成功发射、准确入轨、有效探测、一年寿命、科学研究”，在实际工作中的酸甜苦辣可想而知。这里，我举出身边众多动人事迹中的两个小小例子，以便读者感受航天人“最能吃苦、最能战斗、最能拼搏、最能奉献”的航天精神和当代嫦娥人“没节假日”的真实画面，领略当代嫦娥人在酸甜苦辣后面的亮丽动人的风景——

2006年9月的某日凌晨，一个可爱的小生命在北京某医院诞生了。遗憾的是，她的父亲——一位年轻的主任设计师却无法在第一时间聆听初生女儿的哭声和亲吻她那可爱的小脸。此时的他，正远在数千里外的云南昆明进行一项重要的对接试验(图8-5)。

2006年11月某日凌晨4点，一阵急促的电话铃声惊醒了有效载荷技术负责人全家人的睡意，原来是正在进行试验的工作人员发

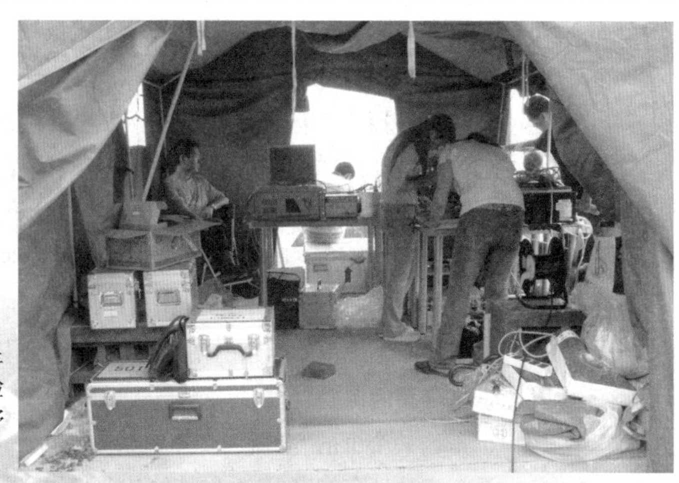

图 8-5 星地对接试验中的一个野外工作场面

现某台仪器出现质量问题。技术人员严格执行“技术状态严格受控、出了问题及时报告、原始数据真实可靠”的“三大纪律”,在第一时间报告了技术负责人。也正因为报告及时,使该故障问题得以在时间极为紧迫的情况下,严格按照系统总体的要求,及时分析原因、及时采取措施,最后得到了较理想的技术归零。

如果说,工程成功后,在电视屏幕等新闻画面上,公众只能看见其中的几个人物,那么,请千万别忘记:除了他们,还有许许多多的嫦娥人也同样值得我们尊敬、值得我们学习、值得我们骄傲!因为,如果把航天工程当作一座金字塔,那么,当代“嫦娥塔”中的每一块砖、每一块料都很重要,都是一个不可或缺的支撑点,也都是一个闪烁点。对这座塔来说,缺了哪一块、或者哪怕有一块砖的质地不好,都将会出现问题,留下隐患、遗憾、悔恨。尤其是砖与砖之间,任何一处黏合得不好,就必然影响整个塔的安全与可靠。因此,除了做好“嫦娥工程”中的每块砖、选好每块料外,三年多来,当代嫦娥人的所思、所想、所做,无不遵循着“严、慎、细、实”的要求,全部精力都用在如何做好这些“嫦娥砖”以及如何把它们黏合好、建成可靠的“当代嫦娥塔”上。因为,他们清楚地知道,要建成一座辉煌的“当代嫦娥塔”,只有在实际工作中坚持贯彻“细节决定成败”,成功才能掌握在自己手里,胜利的喜悦才能融入心中。

正如绕月探测工程领导小组组长张云川在第三次领导小组会上要求的“正样阶段的工作要强化过程控制,确保产品质量;要坚持严慎细实,实现全系统的放心可靠;要坚持质量第一,保证工程整体稳步推进;要加强统一指挥,层层落实责任,按照总理‘三高’的要求,实现出成果、出经验、出模式、出人才的‘四出’目标”那样,作为中国深空探测第一步的嫦娥一期工程对所有部门、所有人员来说,都是一个全新的课题、全新的挑战。

正是这一个个的“全新”,全体嫦娥人经过三年多的努力拼搏,各大系统产品已全部完成、发射前的各项工作和发射后的各种准备工作都已全部到位、就绪,工程已经进入了发射的倒计时。

经过三年多的锤炼,这一个个的“全新”已经沉淀出一支技术硬、作风好、能吃苦、能战斗、能攻关、能奉献的“当代嫦娥人”。此时的他们,正以饱满的精神状态,投入到发射前的一切准备工作中。

作为一个中国人,不管结果如何,我相信,随着发射基地总指挥一声“发射”的口令,一个震撼人心的画面必将留在你的心里、他的心里、我的心里,因为,它是在向世界庄严宣布:中国已向深空打响了第一枪、迈出了第一步!

作为当代嫦娥人的一分子,不管结果如何,我坚信,这一枪、这一步已清晰地告诉世界,中国在未来的深空探测领域,必能开创一个全新的窗口、垦活一片肥沃的土地!

那么,你呢,对“嫦娥工程”有信心吗?

第九章　嫦娥系列:强国富民之举

如果说,嫦娥一期工程是中国走向深空的第一步,那么,嫦娥二期工程(CE-2)就是在这“第一步”的基础上,进一步在月面烙下中国人自己制造的探测器的“足印”,实现在月面上行走探测技术的突破;嫦娥三期工程(CE-3)则将在进一步提升二期工程技能的基础上,实现把月球样品带回地球的技术腾飞……

如果说,嫦娥一期工程是对月球全球性、整体性与综合性探测与研究的工程(图 9-1),那么,嫦娥二期工程就是以直接对着陆区和巡视区近距离就位探测、分析为特征的科学探测工程,其探测结果必将是对一期工程在探测精度与研究深度上的拓展和提升,也必将为一期工程获取探测数据的各种处理模型、解译方法提供精准的

图 9-1　“嫦娥一号”卫星环绕月球实施全球性、整体性与综合性的探测

图 9–2 诗情画意中远嫁月亮的华夏女儿——嫦娥

地面校正、验证的标准，从而实现在科学探测与研究上的承前启后、互补互动的目的，实现获取月球整体性知识与局部精确性认识的高度融合，实现科学理性知识的升华。而嫦娥三期工程更是以实现采集月球样品并返回地球为技术目标、以开展月球样品在实验室精细测试分析与研究为科学目标的科学系统工程……

如果说，“嫦娥一号”卫星还只能在离月球表面 200 千米处遥望远嫁月亮的华夏女儿嫦娥(图 9–2)，那么嫦娥二期工程的信使则将得以亲吻阔别了几千年的嫦娥；嫦娥三期工程的信使更会将滋养她数千年之久的温馨土壤带回给她阔别的亲人……

当代“嫦娥”，是昨天华夏子民的梦想，今天中国人的追求，明天中华民族的骄傲。如今，凝聚着千百年来炎黄子孙太多情怀、太多厚望的第一部嫦娥列车即将奔向月球了，那么，随后前往的第二部、第三部列车是否也准备好了呢?

当代“嫦娥”,是振兴华夏民族科技发展之举,是强国富民的福音。那么,中国在实施并完成“嫦娥工程”的“绕、落、回”三阶段计划后,在载人登月、建立月球基地方面是否已有了什么设想或规划呢?

论证、论证、再论证

也许你会认为,嫦娥二期、三期工程也与一期工程一样,早在2004年2月就已立项了。如果真是这样认为,那你就错了。

正如中国载人航天工程那样,载人航天一期(即“神舟一号”载人飞船)立项了并不等于“神舟二号”一定就马上立项。因为,如果没有合理而可行的方案,国家就不会花如此巨资去打无把握的仗,因为,那毕竟是纳税人的血汗钱啊。

正如中国在宣布国家科学技术中长期发展规划中的16项重大专项时所说的那样,成熟一个,发展一个。无论是决策部门的官员还是参与论证的科学家、技术人员都清楚地知道,对于嫦娥二期工程来说,只有把问题弄清、目标说透、方案做好,才能梳理出一个在科学目标上站得挺、技术目标上立得稳、应用目标靠得谱的方案,才能得到科技同仁的认可、纳税人的默许,以及国家的批准。

与嫦娥一期工程论证之初是以自发调研、研究开始一样,嫦娥二期工程的论证过程实际上也是从自发研究开始的。

整个嫦娥二期工程的论证工作经历了自发研究论证、国家科技发展中长期规划论证和深化论证三大阶段。

目前,嫦娥二期工程已经有了初步的方案。

自发研究论证

2000年8月,当嫦娥一期工程科学目标通过了由王大珩等9位院士和总装备部、航天科技集团、科技部、中国科学院、高等院校等单位专家组成的专家审核组的评审,并得到充分肯定后,虽然对嫦娥一期工程能否立项或何时立项还不清楚,作为在工程倡导者、发起者、组织者和参与者之一的欧阳自远院士,凭着对国际月球探测风云的洞悉、凭着对中国必将开展月球探测工程的远见与信心、以及凭着一个中国学者应该有的责任心,一方面为促进国家启动月球探测工程而奔走、而努力,一方面已经开始思考月球探测二期工程的科学目标问题了。此时,离嫦娥一期工程正式立项还有将近4年的时间。

经过深思和初步的调研与分析后,2001年11月,欧阳自远院士组织其研究团组正式开始了我国月球探测二期工程的科学目标和有效载荷需求的自发性的研究工作。

机会永远属于有准备者。2002年5月和7月,欧阳自远院士所在的研究团组分别得到了中国科学院军工办创新性项目和国家863-703项目的少量经费支持,这为该研究团组正式开始更系统的月球探测二期工程科学目标、任务目标和技术目标的论证工作提供了物质支撑条件。经过近一年的研究、分析,完成了中国月球探测二期工程科学目标、有效载荷需求、任务目标和技术目标的基本框架、思路的分析研究与论证,并于2003年8月通过了国家863-703专家组的评审,于2004年1月通过了由中国科学院军工办组织的有中国地震局,中国地质大学,中国科学院国家天文台、空间中心、地质与地球物理所、遥感所、地理与资源所等单位相关专家参加的“月球探测中长期科学目标研讨会”的论证和审核。专家们认真讨论了中国科学院提出的“我国月球探测第二、三期工程的科学目标”,认为:

● 根据我国月球探测的发展战略与长远规划,2020年前实施不载人月球探测。在一期工程对月球进行全球性、综合性和整体性的科学探测基础上,以有限目标和突出重点为基准点,月球探测第二期工程以开展月球区域性的精细探测为主要科学目标,进而发展到以采样返回地球和开展月球区域性的深入探测为主要目标的第三期工程,为后续工程——载人登月和月球基地的建设积累科学数据、技术储备和实施经验。所提出的科学目标符合“有限目标、重点突破、承前启后、循序渐进、持续发展”的原则。

• 所提出的科学目标既能体现国际月球探测发展趋势,又具有前瞻性和创新性,对推动我国空间科学的发展能起到牵引与联动的效果。在完成科学目标的实施途径上,力求技术上有突破、探测上有特色。

• 第二、三期月球探测重点开展月面着陆区与巡视勘察区的地形地貌、地质构造、月面环境和有用元素的就位精细探测与制图,在软着陆平台下方设置月震仪,并制造人工月震,记录小天体撞击月球与月震的频率与强度,反演月球内部结构与构造;首次应用探月仪探测月壤层的结构和月壳的特征;综合研究月球的演化过程。在国内外首次开展月基的空间天气学研究,特别是太阳活动对地球空间环境的影响;在月面安装数据转发器和激光反射装置,成为导航系统的“人造射电”信标源,并进行月球轨道精密测试及月球动力学研究;首次开展月基光学巡天观测,侧重于星震学研究、太阳系外行星观测、亮活动星系核的监测等;上述科学目标符合“科学上有创新、技术上有突破、探测上有特色、预计成果先进”的原则。

• 专家原则同意中国科学院提出的我国月球探测第二、三期工程的科学目标,并建议中国科学院军工办综合专家委员会意见后,报国防科工委列入我国月球探测二、三期工程项目初步建议书。

无独有偶,从 2002 年 5 月开始,在“两弹一星”功勋科学家孙家栋院士的亲自组织、领导下,航天科技集团第五研究院也以相同的方式,自选了“我国月球探测二期工程技术方案”预先性研究的课题开展相关的论证工作,并在相同的时间即 2002 年 7 月,同样获得了国家 863-703 项目的资助。

从 2003 年 3 月开始,即中国科学院完成科学目标基本框架的研究工作和航天科技集团完成总体概念方案的研究工作后，由孙家栋和欧阳自远两位院士牵头，双方组织了联合论证工作，该联合论证持续了近半年的时间，特别是在当年3月、4月、5月和7月组织了4次有特色的“小规模、深内涵”的论证会。这里所说的“小规模、深内涵”是说参与论证的人员很少而内容层次专一、内涵深刻。

正是这4次“联姻式”的联合论证，分阶段地完成了科学目标和总体方案、有效载荷需求、数据通信量和工作模式、总体方案与关键技术4个意义深刻的专题性的论证工作。

也正是通过这种“联姻式”的联合作战，2003年9月，基本确定了月球探测二、三期工程的科学目标、有效载荷需求和工程的总体概念性方案和关键技术，这些都为中国月球探测二、三期工程项目得以于2004年2月~4月一次性通过国家科学技术中长期发展规划重大专项的论证与审核，并作为国家重大专项纳入国家科学技术中长期发展规划打下了厚实的基础。

中长期科技发展规划论证

作为一个国家级重大专项的工程项目，如果仅仅依靠一些具有战略眼光的科学家、工程专家自发性研究和大力推动是远远不够的，需要政府部门的全力介入和大力支持。

时间到了2003年10月，国家正式启动科学技术中长期发展规划的论证工作。主管国家国防科学技术工业发展的国防科工委在准确掌握有关月球探测二期工程论证的情况、进展、结果和洞察国际月球探测大潮流的基础上，综合考虑中国现有能力与水平的预估以及中国航天技术发展的需求等因素，决定组织力量正式启动月球探测二、三期工程的综合性、系统性论证工作。

2003年10月~11月，国防科工委正式落实了论证专家和论证工作安排。孙家栋院士领导下的航天科技集团预先研究团组和欧阳自远院士领导下的中国科学院预先研究团组——这两个在前期自发研究阶段的主体骨干自然就成了此次论证的核心专家。

2003年12月13日,组织召开第一次论证会。会上,由中国科学院向与会专家、领导汇报月球探测二、三期工程科学目标与载荷需求的论证情况,由航天科技集团五院汇报工程总体技术方案的论证情况。

2003年12月14日~22日,根据论证专家的意见和建议,就所提出的方案、科学目标等进行完善、补充和修改等工作。

2003年12月23日,组织召开第二次论证会。同样,由中国科学院向与会专家、领导汇报月球探测二、三期工程科学目标与载荷需求的修改、补充、完善情况,由航天科技集团五院汇报工程总体技术方案修改、补充、完善的情况。

2003年12月24日~2004年2月10日,组织专家撰写完成了《国家中长期科学和技术发展规划重大专项项目建议书——月球探测二、三期工程》的论证报告及其7个附件材料,并于2004年2月10日由国防科工委向国家中长期科技发展规划办公室正式提交重大专项项目建议书。

2004年2月16日~4月16日,国家中长期科技发展规划办公室组织了由不同单位、不同专业、持不同意见者需达到1/3的21位专家组成的审核专家组,开始对月球探测二、三期工程方案进行为期2个月的集中讨论、邀请专家论证、答疑和审查等工作。审核专家们还专门组织听取了国内航天部门各相关单位和覆盖空间科学、地质学、地球物理学、地球化学、天体化学等学科的相关部门近百位专家的意见和建议,尤其注意听取存在疑虑乃至反对的意见。这种听取意见的讨论会召开了好几次,最后通过了专家的评审,形成了如下结论:

- 月球探测是我国航天活动进一步发展的新的重要阶段,是开展深空探测的起点和基础,是推动我国空间技术和空间科学进一步发展,并为未来开展行星际探测,开发利用月球资源以及载人月球航行,奠定必要基础或创造一定条件的重大举措。

● 开展月球探测将带动我国基础科学和高新技术的进步,促进国民经济持续发展,提高综合国力,增强民族凝聚力,有利于维护国家安全,是一项具有重大影响的国家战略性工程。

● 月球探测工程(二、三期)的总体思路和初步设想是在一期工程环月的基础上提出的,包括实现月面软着陆,月面巡视勘察和采样返回等任务。该设想符合循序渐进,分步实施的原则,也统筹考虑了整个工程的完整性和连续性。

● 我国已经具备了一定的技术条件、科学基础和经济实力,能获得社会的广泛支持,国际环境也较有利。因此,在关键技术研究充分、投入合理,完成相关配套建设的前提下,月球探测工程(二、三期)的任务和目标是可以实现的。

● 综上所述,将月球探测工程(二、三期)重大专项列入国家中长期科学和技术发展规划是必要的、可行的。

根据专家组的评审意见,中国月球探测二、三期工程纳入并成了国家中长期科技发展规划的16个重大专项之一。

在这里,我不想也不敢评判此次审核过程中专家们对细节“严厉”到何等“苛刻”的程度,我想说的是,我敬佩他们这种责任心、敬业心所折射出来的对“事”和“业”两字的忠诚。

此次审核的结果清楚地告诉我们:月球探测二、三期工程可以纳入中长期发展规划的重大专项,但需深化论证后才能正式立项、启动。我想读懂、也一直在思索的一个问题则是这种审核的“过程”本身所蕴含的深刻意境和深远意义。

深化论证

如果说,月球探测二、三期工程成为国家科技中长期发展规划16项重大专项之一只是“过三关斩五将”的第一关,立项是其第二关,而立项启动后的研制建设、成功实施并最终完成工程任务才是其第三关,那么,为过第二关,又该如何做以及具体做了些什么呢?

2004年4月通过国家科技发展中长期论证后,根据论证中专家的意见和建议,经过近4个月的酝酿和准备工作,国防科工委于2004年8月正式成立了如下6个深化论证工作组:

总体技术深化论证工作组 具体负责月球探测二、三期工程中总体技术方案的深化论证工作。

探测器系统深化论证工作组 具体负责月球探测二、三期工程中可能涉及的软着陆探测器、巡视探测器、轨道探测器系统技术方案的深化论证工作。

运载系统深化论证工作组 具体负责月球探测二、三期工程中运载系统技术方案的深化论证工作。

测控系统深化论证工作组 具体负责月球探测二、三期工程中测控系统技术方案的深化论证工作。

发射场深化论证工作组 具体负责月球探测二、三期工程中发射场系统技术方案的深化论证工作。

科学目标与应用系统深化论证工作组 具体负责月球探测二、三期工程中科学目标工程化和地面应用系统技术方案的深化论证工作。

为了确保论证工作更有效地落实和实施,还专门成立了深化论证工作相关领导小组和指导小组。

经过近一年半的深化论证,2005年12月初步形成了“一绕三落”的总体方略,并于2006年2月前后完成了月球探测二期工程的综合论证报告以及包括科学目标、探测器系统、运载系统、测控系统、发射场系统等技术方案的论证附件报告。

该方案是一个以实现“落”阶段战略目标为轴心,以逐步提升中国航天技术能力和深化科学探测内涵为目标,以每隔两年进行一次探测为步骤的系统化的发展方案。该方案一经出台,在一片赞同声中也受到了不少质疑，如跨越时间偏长、步伐偏慢，影响三期工程、未来的载人登月和建立月球基地的进程；密度过大，从经费承担能力和工程任务过重等角度上看值得进一步考虑等。

根据各方专家、领导的意见和建议，论证专家组又经过近半年的总体方案论证、修改以及相关技术细节的完善等工作，于2006年8月形成了“一大一小”的方案。该方案将依托现有运载能力和嫦娥一期工程所建立的技术，在2012年实现第一次软着陆的基础上，依托2015年中国大运载技术的发展规划，实现集轨道器、着陆器和巡视器于一体(图9-3)的全方位的月球探测。

此方案出台后，同样受到了一些专家和领导的质疑，认为步伐还是过慢，不利于尽快缩小中国在探月上与美国、欧洲等的距离，不利于加快中国建立月球基地的步伐，不利于与中国载人航天的“航程”接轨。不少专家倾向于认为，从发展的角度看，从快、好、省的基本方略出发，应尽快实施并完成“探”阶段的计划，即利用现有技术条件和嫦娥一期发展起来的技术，在“落”阶段实现一次性完成后尽快进入“回”阶段的探月计划，并在技术条件许可的前提下，尽快启动“登”阶段的载人登月规划，这样，才有可能尽快赶上先进国家的探月步伐。

也许，你会问，既然中国已经决定要开展月球探测，而且月球探测一期工程也已经立项并定于2007年发射“嫦娥一号”卫星，二、三期工程也通过了国家中长期科学技术发展重大专项的论证，那为什么还要再花这么长的时间去论证呢？

也许，你是对的。但是，你可曾体会到，无论是最早的自发性预先研究论证、中长期评审论证还是深化论证，问题的焦点并不在于技术方案本身的“行”与“不行”、科学目标本身的“好”与“不好”，而是在于实施步骤、实施方式和实施时间。

当然，这“步骤”、这“方式”、这“时间”，无论从字面上看还是从实际内涵上说，本身也是方案的一个组成部分。但是，从更深层次上

图 9-3　曾设想集轨道器、着陆器和巡视器于一体的探测方式

去思考,这“步骤”、“方式”、“时间”所蕴含的意义岂不就非同一般了?

步骤多了,必然要求其技术方案和科学目标内涵逐步升级,“个体化”的技术方案必须从技术渐进的角度去挖潜、去深化、去论证,同样,在科学目标大框架基本确定后,其具体的科学探测任务内涵也就增加了,同样需要一项一项去论证、去落实它们能否实现,以及怎样来实现,等等;更为重要的是,步骤多了,所需要的经费自然就要增加,而经济可行性方案的论证过程同样十分繁杂,因为,这毕竟是全社会公民的纳税钱啊!我们的专家、我们的主管部门领导必须把“每个铜板”“论证”到真正该用的“刀刃”上。

方式多了，就得制订出在不同方式下的科学目标和技术方案。因为,不同的方式实现起来其技术方案肯定大不相同,实现的科学内涵当然也有很大的差异。而且,不同的技术方案在同一框架内,就必须考虑它们之间的融合性、互补性的问题;更为重要的是,在一次任务中同时使用不同方式的探测,其技术难度、技术要求无疑就会大为增加。例如,如果把绕月探测方式、着陆探测方式和巡视探测方式在同一次任务中实施,所涉及的测量与控制、探测数据接收技术(图 9-4)、运载要求等,必然要与国家整体航天技术的能力、技术状态和发展规划密切呼应。这过程,能简单吗?

步骤多了、方式多了,所需要的时间必然就长了,其结果当然是我国月球探测的步伐放慢了。这当然又涉及国家在探月上的总体规划,影响到作为国际“月球俱乐部”一员的中国在“月球事务”上的地位和作用,最后又必然会影响到国家月球探测“好、快、省”的三字

图 9-4 集轨道器、着陆器和巡视器三种探测方式于一体的数据接收技术方案示意图

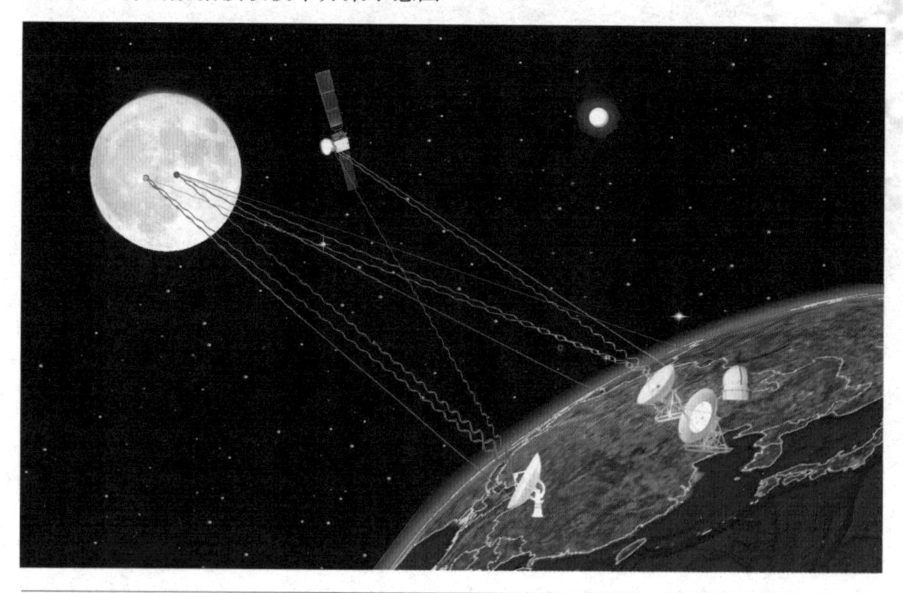

总方针。

嫦娥二期总体方略

嫦娥二期工程的详细技术方案虽然还没有最后落实，但其总体方略不会有太大变化,即以突破月球探测相关技术并获取高精度的科学探测数据为目的，掌握开展深空探测所需的一系列关键技术,推动月球科学研究的进一步深化,获得一批自主创新的月球科研成果,建立起较为完整配套的深空探测体系,培养一支高素质的人才队伍。

嫦娥二期工程将紧扣整个“嫦娥工程”发展的主题思想,在设计思路上，目标是以一期工程为基础实现技术和科学的延伸和跨越，并为嫦娥三期工程打下相关的技术和科学基础,因此具有承上启下的重要作用。

在科学目标的设计思维上,嫦娥二期工程以探测月球本体为主线,以有限目标、突出重点为前提,以工程可实施性为依托,以承上启下、动态发展为原则,提出了这期工程的科学目标和具体的探测任务:重点开展区域性地形地貌、物质成分、内部结构的探测,实现以揭示成因、演化等重大月球科学难题为目的的目标;充分利用月基平台,在技术可操作性的前提下,探测月表环境和地球的空间环境。

在技术目标的设计思路上,紧紧围绕“软着陆”这一主体,以突破月面软着陆技术(图 9–5)和月面巡视技术(图 9–6)等一系列关键技术为目标,从技术的继承性与发展性、可操作性与可靠性出发,依据中国的技术水平和发展规划,设计出了实现嫦娥二期工程科学目标和技术目标的切实可行的技术方案。

在应用目标的设计思想上,嫦娥二期工程充分考虑了其可能产出的科学成果、探测数据、创新技术,以及将其应用于其他领域而产生的科学、技术、经济和社会效益等方面的应用目标。

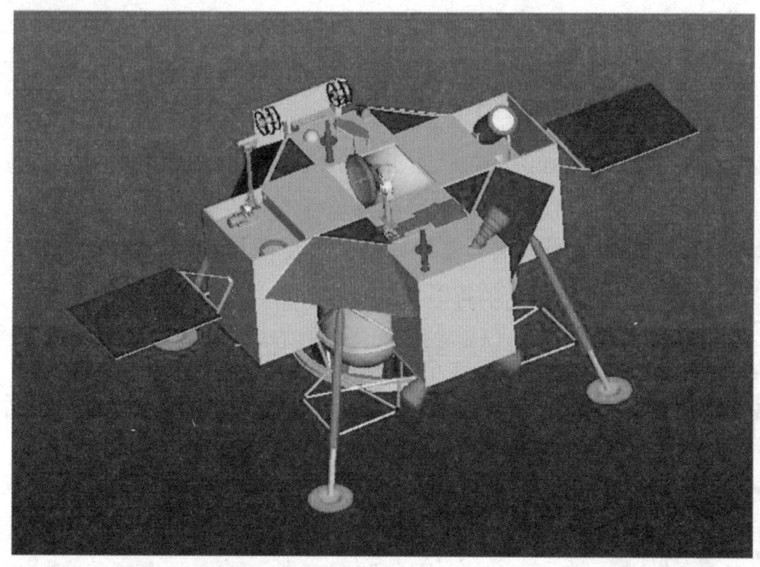

图 9–5　嫦娥二期工程软着陆器示意图

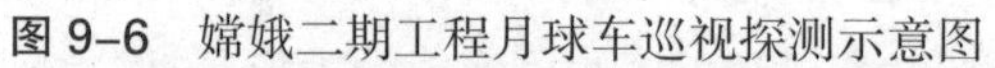

图 9–6　嫦娥二期工程月球车巡视探测示意图

随着嫦娥二期工程最终方案的出台,一个在一期工程基础上实现技术目标上跨越性突破、科学目标上大胆创意、应用目标上远见发展的完整方案将展现在世人面前,并将为世人所评判。

随着嫦娥二期工程的实施,期间所产生的新技术、新方法不仅可应用于其他航天工程,更可直接或二次开发后应用于增强天文观测能力、提升我国自动化智能机器人的水平以及应用于医学、工业制造、国防工业的遥科学、人工智能和自主控制技术等领域;通过嫦娥二期工程的实施,所产生的科学成果,同样将为我国科学家提供一个施展才华、为月球科学理论作出独创性贡献的舞台。

嫦娥三期尚需时日

尽管,嫦娥三期工程的论证工作从一开始就是与二期工程的论证捆绑在一起开展的,但随着论证的深入,逐渐发现嫦娥三期工程的实施还将有较长的时间,现在还很难确定其科学目标、技术方案的具体细节,而且考虑到国家科学、技术和经济实际发展的可变性和动态性,考虑到国际月球探测的发展态势,考虑到许多可变的因素孕育着新的技术和新的方法,因此,过早地确定三期工程的具体方案是不符合实际的。

正如国家科学技术中长期发展规划办公室新闻发言人所说的那样, 国家中长期科学技术发展规划中 16 个重大专项将采取的策略是“成熟一个、发展一个”,因此在实际的论证工作中,嫦娥三期工程的深化论证从 2005 年 11 月起暂时停止。

但是,这里所说的“暂时停止”深化论证并不意味着嫦娥三期工程目前就没有总体方案,而是指嫦娥三期的详细科学目标及其具体的探测任务、有效载荷配置方案、详细的技术方案以及实施步骤、实施方式和实施时间将在嫦娥二期工程实施到一定程度后,再根据当时中国的科学技术水平和发展规划、国际月球探测的大潮流等因素,进行深化论证。

事实上,目前嫦娥三期工程的总体设想还是以“回”作为基本主题,在2015年前后实施在月面上软着陆探测,采集月球关键土壤、岩石样品并返回地球,开展地球实验室的精细测试、分析与研究,深化人类对月球科学理论的认识。

月球探测利在千秋

大约在一百多年前,美国威斯康星大学一位年轻的历史学教授曾充满激情地说道:“美国人的性格特征都是归结于疆域的原因。这类品质是非常重要的,能粗中有细并勤学好问,熟练地抓住主要事情,处理结果时不优柔寡断;不需要很多的休息但仍有充沛的精力;工作的好坏、股票的涨跌和世间的繁华都来自一个东西——自由。这些都带着疆域的特色”,接着,他又把话题转了过来:“曾经在历史上的疆域,都是传统的习俗与约束被打破而不受约束的自由取得胜利。但在这里,并不是还没有玷污,它并非还是婴儿的空白心灵;在这里,顽固的风气专横地抑制了一切,传统的做事方法也充斥了一切。但是,尽管有这样的环境、这样的习俗,新的体制战胜旧的框架总是必然的。创造和自信可以打破旧的社会约束,被限制和被嘲笑的新体制和新领域也必将随之产生、发展而成长。”

这样的论题在当时无疑是一枚理性的炸弹。于是,仅在短短的几年里,美国就创立了一个专门的历史学流派,它不只是专门讨论美国文化,而是整个人类文明都受到探险时代开发新疆域的影响的全新内容。

一个新疆域的开发创造,体现的不仅仅是美国、欧洲人或日本人民的需要,而是全人类的最大社会的需要。作为人类走向深空的第一站的月球(图9-7),以其独特的空间位置、独特的资源,如此迫切地向你、我、他招手、呼唤,那么,当代国际上月球探测的合作环境又将是怎样的状况呢?

深空探索的迫切需求将推动各国达到一个新的合作水平。空间计划需要的是人才、资源和源自不同文化的知识,因而整个空间事业似乎成了真正要求国际持续合作的人类活动领域。要让任何一个国家单独去实现空间探索乃至移民所需求的技术进步,这实在是强人所难。作为深空探测第一站的月球探测,具有科学性、全球性和开放性的特点,国际合作是未来月球探测的必然趋势。俄罗斯、美国、欧洲、日本、印度都已深刻认识到了这一点的重要性,因此,各国总统、总理和首相们在参加空间事务会议时都显得那么热情真挚、那么通情达理、那么胸襟宽广。

这种月球探测合作性事务的“协议婚姻”,尽管在实际操作中还有很多地方有失公平、公开、公正,但月球探测的国际交流与合作是大潮流、大方向,目前的合作条件和形势也十分有利。月球,没有政

图 9-7 人类终将开发月球这个新疆域

图 9–8 畅想月球村

治边界,它的财富属于全人类。作为"月球俱乐部"一员的中国,理应而且实际上也正在积极探索多层次、多渠道的国际合作,并在独立自主、自主创新的基础上努力扩大合作的规模,走出一条国际合作发展的道路。

我们相信,在不久的将来,在月球上建立一个来自不同肤色、不同文化背景、不同国度的人类最为奇妙最为独特的"融合性村庄"(图 9–8)已不再是一个梦。在这里,它的面积将是约 3800 万平方千米;在这里,对于居住的人来说,国家、疆域的概念将是淡漠的;在这里,人们共同关心的将是这个村庄的未来前景;在这里,种族间的距离感将不复存在。

我们相信,就像人们已经不再惊奇于在北京很容易找到麦当劳、在东京随时可以听到美国西部音乐、在亚马孙河流域随处可见土著居民身着迈克尔·乔丹(Michael Jordan) T恤、在纽约随时可以品尝“北京烤鸭”那样,随着月球村的建立和繁荣,人们必将会感悟到地球文明的均匀发展在那里体现得最为淋漓尽致。

月球探测,功在当代,利在千秋!

图书在版编目(CIP)数据

嫦娥奔月:中国的探月方略及其实施/邹永廖著.—上海:上海科技教育出版社,2007.10(2023.8重印)

(嫦娥书系;5/欧阳自远主编)

ISBN 978-7-5428-4115-5

I.嫦… Ⅱ.邹… Ⅲ.月球探索—中国—普及读物 Ⅳ.V1-49

中国版本图书馆CIP数据核字(2007)第132506号

嫦娥书系

欧阳自远 主编

嫦娥奔月 中国的探月方略及其实施

邹永廖 著

丛书策划 卞毓麟
责任编辑 卞毓麟 诸一麟
装帧设计 汤世梁

出版发行 上海科技教育出版社有限公司
(上海市闵行区号景路159弄A座8楼 邮政编码201101)
网　址 www.sste.com www.ewen.cc
经　销 各地新华书店
印　刷 天津旭丰源印刷有限公司
开　本 890 × 1240 1/32
字　数 169 000
印　张 6.25
版　次 2007年10月第1版
印　次 2023年8月第3次印刷
书　号 ISBN 978-7-5428-4115-5/P·16
定　价 39.80元